カラー版 目で見てわかる

切削チップの
（スローアウェイチップ）
選び方・使い方

澤 武一 著

日刊工業新聞社

はじめに

切削工具は刃先交換式のものが主流になり、刃先の役割をするチップも多種多様なものが市販されています。また、モノの流通がグローバルになり、海外製の刃先交換式工具やチップも手軽に入手できるようになりました。選択肢が増えるのは喜ばしいことですが、目的や用途に合った適切なチップを選ぶには選択する側の知識が必要になります。

本書は従前発刊されていた『目で見てわかるスローアウェイチップの選び方・使い方』をカラー化した書籍です。本書は主として旋盤加工用の切削チップ（スローアウェイチップ）を例に解説していますが、切削チップに関する知識は正面フライス、エンドミル、ドリルといったすべての刃先交換式切削工具に共通します。そのため、本書の解説を基準にすれば、刃先交換式切削工具の種類に関わらずチップを正しく選び・使える知識を習得して頂けると思います。

さて近年、スマートフォンの音声アシスト機能や自動車の自動運転機能のように、AI（人工知能）が注目されています。AIの特徴は不足した情報でも自ら考え、指示できることです。機械加工分野も例外ではなく、AIが導入されようとしています。近い将来、切削距離に応じて工具寿命が最も長くなる切削条件の割り出しや、削り残し・削り過ぎが生じないツールパス、1本の切削工具で加工できるツールパスなど、これまではノウハウとされてきたものが自動で抽出・設定されるかもしれません。その一方で、金属加工は不安定な要素が多いため、人工知能（デジタル）と人（アナログ）の融合が重要なポイントになると考えます。

これからの機械加工技術者に求められる能力は、突発的な工具損傷、

切りくずの飛散方向や詰まり、びびりなどの不確定・不安定要素に基づき、切削工具の選定、切削条件、ツールパスを適切に調整することだといえます。本書が次世代の機械加工を担う方々のレベルアップの一助になり、一つでも得るものがあったなら幸甚です。

2024年10月 　　　　　　　　　　　　　　　　　　　　澤　　武一

カラー版 目で見てわかる切削チップの選び方・使い方—目次

はじめに   3

第1章　チップの種類と性質

1-1	スローアウェイチップとは?	10
1-2	スローアウェイチップに求められる性質	12
1-3	スローアウェイチップの材種と特性	14
	①超硬合金（P、M、K、N、S、H）	15
	②超微粒子超硬合金	21
	③サーメット	24
	④セラミックス	26
	⑤CBN	29
1-4	コーティング方法の種類と特性（PVDとCVDの選択指針）	32
1-5	コーティング膜の種類	35

第2章　チップに備わるさまざまな機能

2-1	チップ主要部の名称と働き	40
2-2	チップブレーカとは?（切りくずを分断する機能）	42
2-3	チップブレーカの種類（溝形と突起形を使い分ける）	44
	①切れ味の違い	45
	②等級（精度）の違い	46

③切りくず分断能力（切りくずを分断できる
切削条件の範囲）の違い　48

2-4　切りくずがらせん状になるメカニズム　50

2-5　溝形チップブレーカの溝幅とバイトの送り量の密接な関係　52

2-6　チップポケットの見方（荒加工用と仕上げ加工用の見分け方）　54

2-7　ホーニング刃　56

2-8　ホーニング刃の種類（丸形と面取り形）　58

2-9　ランド（Land）　61

2-10　すくい面に施されたランドと切込み深さおよび
バイトの送り量の最小値の関係　62

2-11　さらい刃　64

第**3**章　チップを使いこなすための知識

3-1　チップの形状と刃先強度の関係　68

3-2　チップの形状と保持力の関係　72

3-3　チップの形状と経済性の関係　74

3-4　チップの厚みと取り付け穴の有無による耐衝撃性　76

3-5　トルクスねじとチップの取り付け穴の形状　77

3-6　コーナ半径と表面粗さの関係　78

3-7　必要な表面粗さからバイトの送り量を決める方法　81

3-8　コーナ半径と適正切込み深さの関係（切削抵抗の向きに注目!）　84

3-9　コーナ半径と切り取り厚さの関係（上滑り、むしれとコバ欠けの抑制）　88

3-10　コーナ半径による削り残しと隅Rによる制約　90

3-11	刃先角と表面粗さの関係	92
3-12	チップの保持方法の種類と特徴	94
	①クランプオン式	96
	②ピンロック式(レバーロック式)	97
	③クランプオン式&ピンロック式	98
	④ねじ止め式(スクリューオン式)	100
	⑤ウェッジロック式	101
	⑥カムロック式	103
3-13	切込み角によるチップとホルダの選択(外径加工の場合)	104
3-14	切込み角によるチップとホルダの選択(内径加工の場合)	106
3-15	加工硬化しやすい材料の削り方	110
3-16	バイトとチップの勝手	112

第4章 チップの呼び記号(形状を表す記号)

4-1	呼び記号とは?	116
	①形状を表す記号(1桁目の記号)	118
	②逃げ角を表す記号(2桁目の記号)	120
	③等級を表す記号(3桁目の記号)	122
	④取り付け穴の有無、取り付け穴の形状、チップ ブレーカの有無を表す記号(4桁目の記号)	124
	⑤切れ刃の長さと内接円を表す記号(5桁目と6桁目の数字)	126
	⑥チップの厚さを表す記号(7桁目と8桁目の数字)	129
	⑦コーナ半径を表す記号(9桁目と10桁目の数字)	130
	⑧切れ刃の形状を表す記号(11桁目の記号)	131

⑨勝手を示す記号　　　　　　　　　　　　　　　　　134
⑩補足記号（工具メーカ独自の記号、チップブレーカの形状）　135

参考文献　　　　　　　　　　　　　　　　　　　　　138
索引　　　　　　　　　　　　　　　　　　　　　　　139

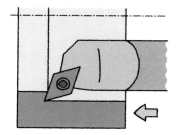

第1章 チップの種類と性質

1-1 スローアウェイチップとは？

　図1.1および図1.2に、スローアウェイ工具とスローアウェイチップを示します。近年、生産現場では刃の役割をするチップを簡単に取り付け、取り外しができる刃先交換式の切削工具が多用されています。チップとボデー（またはシャンク）を機械的な仕組みによって締結し、簡便に交換できる切削工具を「スローアウェイ工具」、スローアウェイ工具に使用されるチップを「スローアウェイチップ」といいます。スローアウェイチップは「ねじ」や「てこ」、「カム」、「くさび」、「偏心ピン」などの仕組みによって脱着できます。

　図1.3に、従来使用されていた付け刃工具を示します。付け刃工具はチップ（刃先）がボデー（またはシャンク）と溶接されているため、チップが摩耗した場合や突発的に欠損した場合、チップをグラインダで再研削しなければならず、手間が掛かっていました。また、再研削する技能（スキル）によって切れ味が変わるため、切れ味を再現するためには一定の技能が必要で、扱いにくいものでした。しかし、スローアウェイ工具はチップを交換するだけなので、切れ味の再現性を確保でき、チップの脱

図1.1　いろいろなスローアウェイ切削工具（出典:日刊工業新聞社 DVD教材「旋盤加工」）

着作業に関する技能もほとんど必要ありません。また、スローアウェイ工具はホルダを共通化することもできるため、工具を収納するスペースを縮小でき、管理も簡便になることや、チップのみを購入すればよいので工具費を抑制できる利点もあります。

このため、金属加工で使用される切削工具はスローアウェイ工具（刃先交換式工具）が主流になっています。

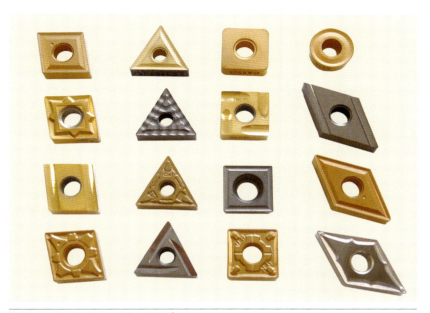

図1.2 いろいろなスローアウェイチップ

図1.3 付け刃工具

ここがポイント！

インデキサブル工具とは?

日本では、刃先交換式工具のことを「スローアウェイ工具」と呼びますが、海外では「インデキサブル工具」と呼ばれています。詳しくはP137で説明しています。

第1章 チップの種類と性質

1-2 スローアウェイチップに求められる性質

図**1.4**に、スローアウェイチップに求められる性質を示します。機械加工では金属をはじめ木材やプラスチックなどいろいろな材料を削りますが、刃物であるチップは削る材料よりも「①硬い」ことが必須です。チップが材料よりも軟らかければ、チップが負けてしまい刃物として使用できません。一般に、安定に削るためにはチップは削る材料の3倍以上の硬さが必要といわれています。なお、①～⑦は図中に示す番号です。

次に、旋盤加工では材料が回転し、バイトが直線運動して材料を削り、フライス加工では材料が直線運動し、切削工具が回転します。このように、機械加工は回転運動と直線運動の相対運動で形状をつくるため、切削工具と材料は衝突を繰り返すことになります。チップと材料が衝突した際、チップが欠けてしまっては刃物として使用することができないので、チップには衝撃力に耐え得る「②粘り強さ」が必要です。

つまり、「①硬さ」と「②粘り強さ」はチップに求められる基本的性質で、この2つの性質が備わった材料のみチップとして使用することができます。

また、金属切削では、チップが材料と接触する点（切削点）は2000～5000Mpa（N/mm^2）以上、800～1200℃以上の高圧・高温になっているといわれています。発生した直後の切りくずは非常に熱いですが、これは材料を削る際に発生した熱が切りくずに伝わるからです。つまり、チップは常温（20℃程度）で硬くても、高圧・高温時に（切削点で）硬さが低下するようであれば刃物として使えません。したがって、チップには

ここがポイント！ 大根で大根は切れない!

大根で大根は切れず、木材を木材で削れないように、鉄鋼で鉄鋼を削ることはできません。スローアウェイチップは工作物よりも硬いことが必須です。日頃使用しているチップがどの程度硬いか調べてみてください。

③高圧・高温という厳しい環境でも、硬さが低下しない性質が求められます。

さらに、高温・高圧状態でもチップは削る材料と化学反応しないことが重要です。高温・高圧状態は化学反応しやすい状態と言い換えることができます。チップが削る材料と化学反応すると、異常摩耗してしまいます。このため、チップには④高温・高圧状態でも化学的に安定しているという性質が求められます。

そして、材料を削る際に発生する熱がチップに溜まると、蓄熱によりチップが一層高温になるため、チップには⑤すばやく熱を伝達する(逃がす)性質が必要です。

加えて、材料を削った際に発生する切りくずはチップの表面を滑りながら排出されるため、チップの表面が滑らかで摩擦係数が小さい(摩擦が少ない)ほど、切りくずの流出が円滑になり、切削抵抗の低減と仕上げ面粗さの向上に繋がります。チップには、⑥表面が低摩擦であることが望まれます。

最後に、チップは材料を削る刃物(切削工具)である一方、切削工具メーカなどチップをつくる立場から見れば材料(削られる側)になります。すなわち、チップは任意の形状に成形しやすいことが望まれます。切削工具が「成形しやすい(形状が崩れやすい)」というのは矛盾した性質ですが、切削工具をつくる側(切削工具メーカ)の観点からすれば、⑦「成形しやすい」という条件は必要です。

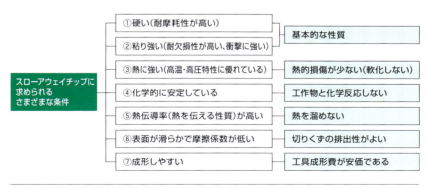

図1.4　スローアウェイチップに求められるさまざまな条件

1.3 スローアウェイチップの材種と特性

　図1.5に、スローアウェイチップの材種と特性を示します。現在、金属切削で一般に使用されているスローアウェイチップの材種は大別すると9種類です。ただし、近年流通しているチップの多くはコーティングされており、外観だけでは材種（母材）を判別することはできません。チップの材種は、チップケースに貼られたラベル（シール）やカタログなどで確認することができます。

　以下では、生産現場で主流に使用されるチップ材種の特徴について解説します。

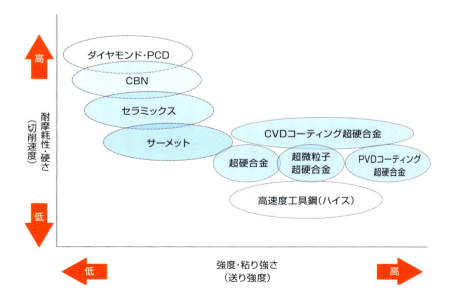

図1.5　チップの材種と特性

①**超硬合金（P、M、K、N、S、H）**

図1.6に、超硬合金製のスローアウェイチップを示します。超硬合金は金属切削に使用されるチップの約80％を占めており、もっとも使用されているチップ材種です。その理由は図1.5に示したように、「硬さ」と「粘り強さ」の両方を備えているからです。

超硬合金は硬質である炭化タングステン（WC）と、結合剤の役割をするコバルト（Co）の粉末を混合し、高温（1400℃程度）、約10〜100MPaの圧力で焼き固めたもの（焼結体）で、セラミックスの一種です。超硬合金の組織は「クラッシュアーモンドチョコレート」に似ており、炭化タングステンがアーモンド（硬質）、コバルトがチョコレート（結合剤）に相当します。

図1.6　超硬合金製のスローアウェイチップ

クラッシュアーモンドチョコレート

(1) 大分類

表1.1に、日本産業規格（JIS B 4053）に規定されている超硬合金の分類表を示します。JISでは、スローアウェイチップに使用される超硬合金を6種類規定しており、P、M、K、N、S、Hのアルファベットで分類しています。この6種類を「大分類」、分類を示すアルファベットを「識別記号」といいます。生産現場では、識別記号の後に「種」を付けて、P種、M種と呼ばれることが多いです。

表からわかるように、JISが規定する大分類は超硬合金の組成や成分によるものではなく、削る材料の材質によって使い分けるというものです。具体的には、鉄鋼を削る際はP、ステンレス鋼を削る際はM、鋳鉄を削る際はK、アルミニウムを削る際はN、チタンを削る際はS、高硬度材料（金型に使用される材料）を削る際はHを使用します。

金属加工ではチップと材料が接触する点（チップが材料を削り取る点：切削点）が高温・高圧になるため、化学反応が発生しやすい環境になります。このため、チップには高温・高圧環境下でも削る材料と化学反応しにくいという性質が求められます。つまり、P、M、K、N、S、Hの6種類は主成分が炭化タングステン（WC）とコバルト（Co）ですが、主成分のほかに含有する成分と割合が削る材料と化学反応しにくいように調合され、微妙に異なります。したがって、削る材料によって、超硬合金の種類を適正に使い分けなければいけません。さらにいえば、すべての材料を1つの超硬合金チップで削ることはできません。表1.2に、超硬合金、超微粒子超硬合金、サーメットの機械的性質を示します。

実際には大分類が適合しないこともある

JISでは削る材料によって超硬合金チップを使い分けるように規定していますが、連続・断続切削など切削形態の違いや切削条件、切削点温度、切れ刃の鋭さなどによって、JISの大分類に従わないほうがよい場合もあります。たとえば、JISでは鋳鉄を削る際はK種を推奨していますが、球状黒鉛鋳鉄（ダクタイル鋳鉄）では流れ形の切りくずになり、切削条件によっては切削点温度も高くなります。このようなときはM種やP種を使用すると工具寿命が長くなることもあります。M種は耐摩耗性（硬さ）と耐熱性の両方を有しているので、すべての材料に使用できるマルチな材種です。

表1.1 日本産業規格で規定されている超硬合金の分類表（JIS B 4053）

大分類			使用分類[注]		
識別記号	識別色	削る材料の材質	使用分類記号	切削条件:高速 工具材料: 高耐摩耗性	切削条件:高送り 工具材料: 高靱性
P	青色	鋼: 鋼、鋳鋼（オーステナイト系ステンレスを除く）	P01　P30 P05　P35 P10　P40 P15　P45 P20　P50 P25	高↑〜↓低	低↑〜↓高
M	黄色	ステンレス鋼: オーステナイト系、オーステナイト／フェライト系、ステンレス鋳鋼	M01　M25 M05　M30 M10　M35 M15　M40 M20	高↑〜↓低	低↑〜↓高
K	赤色	鋳鉄: ねずみ鋳鉄、球状黒鉛鋳鉄、可鍛鋳鉄	K01　K25 K05　K30 K10　K35 K15　K40 K20	高↑〜↓低	低↑〜↓高
N	緑色	非鉄金属: アルミニウム、その他の非鉄金属、非金属材料	N01　N20 N05　N25 N10　N30 N15	高↑〜↓低	低↑〜↓高
S	茶色	耐熱合金・チタン: 鉄、ニッケル、コバルト基耐熱合金、チタンおよびチタン合金	S01　S20 S05　S25 S10　S30 S15	高↑〜↓低	低↑〜↓高
H	灰色	高硬度材料: 高硬度鋼、高硬度鋳鉄、チルド鋳鉄	H01　H20 H05　H25 H10　H30 H15	高↑〜↓低	低↑〜↓高

注）使用分類は数字が小さいほど硬く、耐摩耗性に優れ、連続切削や切削速度の高い切削に適します。一方、数字が大きくなるほど、粘り強く、高靱性になり、断続切削や送り速度の高い切削に適します。

表1.2 超硬合金、超微粒子超硬合金、サーメットの一般的な機械的性質（一例）

分類	比重	ロックウェル硬さ HRA	抗折力 GPa	破壊靱性値 MPa√m	ヤング率 GPa	熱膨張係数 ×10⁻⁶/k	熱伝導率 W/m·k
サーメット （TiC-Ni）	7.2	93.0	1.7	7.9	440	7.9	21
超硬合金 （P）	12.0	92.0	1.6	9.6	520	5.9	33
超硬合金 （M）	11.7	91.5	1.7	10.5	520	5.9	33
超硬合金 （K）	15.0	93.0	1.8	9.0	650	4.8	88
超硬合金 （N）	14.9	92.5	2.0	10.1	630	4.9	80
超硬合金 （S）	15.0	93.0	2.1	10.4	630	4.9	80
超硬合金 （H）	15.0	93.0	1.8	9.0	650	4.8	88
超微粒子 超硬合金	14.4	93.8	3.3	8.3	590	5.1	55

第1章　チップの種類と性質

(2) 使用分類

前頁の表1.1に示すように、スローアウェイチップに使用される超硬合金はP、M、K、N、S、Hの大分類（識別記号）に続いて、2桁の数字を付けることにより用途（使用環境）を規定しています。この分類を「使用分類」といいます。使用分類を表す記号（数字）は01〜50までであり、たとえば、P20やK01のような表記をします。

使用分類は記号が大きいほど、コバルト（結合剤）の含有量が多く、炭化タングステン（WC）の量が少なくなるため、粘り強さが向上し、欠けにくくなります。言い換えれば、使用分類の記号が小さいほど、コバルト（結合剤）の含有量が少なく、炭化タングステン（WC）の量が多くなるため、硬くなり、耐摩耗性が向上します。

図1.7に、コバルト（Co）の含有量と超硬合金の硬さおよび切削時の摩耗量の関係を示します。図から、コバルト（Co）の量が多くなるほど、硬さが低下し、摩耗量が大きくなることがわかります。つまり、フライス加工のような断続切削や古い工作機械で振動が大きい切削、荒加工などチップに大きな衝撃力が作用する場合には、チップの欠損を抑制するため、使用分類が大きいものを選択し、一方、旋盤加工のような連続切削や仕上げ加工のようにチップに衝撃力があまり作用せず、チップの摩耗を抑制したい場合には、硬さ（耐摩耗性）を優先して、使用分類が小さ

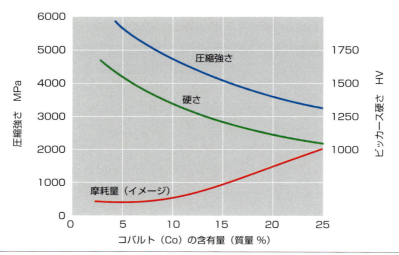

図1.7　コバルト（Co）の含有量と超硬合金の硬さおよび摩耗量の関係

いものを選択します。このように、削る材料によって大分類を選択した後は、切削の用途（使用環境）によって使用分類を選択します。

（3）含有成分による分類

（1）、（2）ではJISに規定されている超硬合金の大分類と使用分類について解説しましたが、ここでは、含有成分に注目して超硬合金の分類を紐解きます。

超硬合金を含有成分で分類すると大別して2種類あり、「硬質である炭化タングステン（WC）を主成分とし、結合剤の役割をするコバルト（Co）を焼き固めたもの（WC-Co系といわれるもの、超硬合金の基本系）」と、「炭化タングステン（WC）に、炭化チタン（TiC）や炭化タンタル（TaC）、窒化チタン（TiN）を混ぜたものを主成分（硬質材）とし、結合剤の役割をするコバルト（Co）やニッケル（Ni）を焼き固めたもの（WC-TiC-Co系、WC-TaC-Co系、WC-TiC-TaC-Co系といわれるもの）」に分けられます。この分類をJISの分類に合わせると、大分類のK種がWC-Co系、M種がWC-TiC-Co系、P種がWC-TiC-TaC-Co系に相当します。つまり、大分類のK種が超硬合金の基本系で、K種にいろいろな成分を混ぜたものがK種以外の5種類ということになります。

表1.3に、超硬合金の硬質母材である炭化タングステン（WC）、炭化チタン（TiC）、炭化タンタル（TaC）の機械的特性を比較して示します。表から、硬さを比較すると、炭化タングステン（WC）と炭化タンタル（TaC）は約1800HV、炭化チタン（TiC）は約3300HVで、3種類の中で炭化チタンの方がもっとも硬いことがわかります。つまり、硬質母材としての耐摩耗性は炭化チタン（TiC）が優れているといえますが、炭化タングステン（WC）とコバルト（Co）は密着性が高いため、超硬合金としては、炭化チタン（TiC）を含有するWC-TiC-Co系に比べて、炭化チタン（TiC）を含有

表1.3 炭化タングステン（WC）、炭化チタン（TiC）、炭化タンタル（TaC）の機械的特性

	WC	TiC	TaC
ビッカース硬さ　HV	1800	3360	1800
弾性係数　MPa	720	320	390
熱伝導率　W/mK	29.3	16.7	21.0
比重	15.6	4.9	14.5
酸化温度　℃	500〜800	1100〜1200	1000〜1100

しないWC-Co系が耐摩耗性、耐欠損性に優れ、衝撃に強く、鋳鉄のような硬い材料の切削に適しています。

　炭化チタン(TiC)や炭化タンタル(TaC)、窒化チタン(TiN)はコーティング膜としても使用され、耐熱性、耐溶着性(化学的安定性)に優れています。表に示すように、炭化チタン(TiC)、炭化タンタル(TaC)の耐酸化温度は1000℃以上に対し、炭化タングステン(WC)の耐酸化温度は500～800℃です。ステンレス鋼やチタン合金などの耐熱合金は熱伝導率が極端に低いため、切削熱が溜まり、切削点温度が高くなります。このように、切削点温度が高温になる切削には、耐酸化性の高いWC-TiC-TaC-Co系(P種)が適し、とくにP種はすくい面摩耗の抑制に有効です。

　一方、切削熱を発生しにくくするためには、すくい角や切れ刃の鋭利さが必要であるため、耐摩耗性と耐欠損性に優位なWC-Co系(K種)を選択するという考え方もあります。切削熱に耐えるのか、切削熱を発生させないのか考え方の違いによって、選択する超硬合金の材種が異なります。このこともしっかり覚えておきましょう。

　炭化チタン(TiC)、炭化タンタル(TaC)、窒化チタン(TiN)はコバルト(Co)との密着性が炭化タングステン(WC)と同程度にはよくないため、WC-TiC-TaC-Co系は耐衝撃性が劣ります。その反面、WC-Co系は硬さ(耐摩耗性)、粘り強さの観点では優秀ですが、鉄鋼材料などの切削では切削点が高温になるため耐酸化性(耐熱性)が必要になります。つまり、硬さ(耐摩耗性)と粘り強さ(耐衝撃性)を多少犠牲にして、耐酸化性を高めたものがWC-TiC-TaC-Co系ということになります。

超硬合金の大分類は3種類から6種類へ!

　従来、JISでは、スローアウェイチップ用の超硬合金をP、M、Kの3種類で分類し、鉄鋼を削る際はP、ステンレス鋼を削る際はM、鋳鉄を削る際はKを使用するように規定していました。しかし、2013年よりN、S、Hが追加され、大分類が6種類に倍増しました。これは工業製品の高機能化によって使用される材料も多様化したことが背景です。ここで、気になるのが、なぜP、M、K、N、S、Hというアルファベットを使用しているかということですが、これは国際標準規格(ISO)の材料記号です。ISOでは鉄鋼をP、チタンをSというように材料記号を規定しているため、これらを削るための超硬合金の分類も材料記号に合わせているのです。

②超微粒子超硬合金

図1.8に、通常の超硬合金製と超微粒子超硬合金製のチップを示します。図からわかるように、通常の超硬合金と超微粒子超硬合金のスローアウェイチップは外観では区別ができません。図1.9に、通常の超硬合金と超微粒子超硬合金の概念図を示します。超硬合金は主成分である（硬質である）炭化タングステン（WC）と結合剤の役割をするコバルト（Co）の焼結体ですが、超微粒子超硬合金は名前の通り、主成分である炭化タングステンの粒子がきわめて小さいもの（粒子を微粒子化したもの）で、JISでは平均粒子径が1μm以下のものを「超微粒子超硬合金」と規定しています。

一般的な超硬合金の炭化タングステン（WC）の粒子は約1.5～2.5μm程度ですが、超微粒子超硬合金の炭化タングステン粒子は約0.5～0.7μmです。超微粒子超硬合金は粒成長抑制剤として少量のVC（炭化バナ

図1.8　超硬合金製と超微粒子超硬合金製のチップ

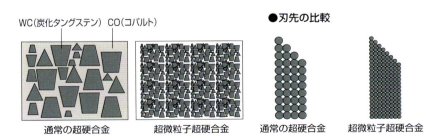

図1.9　超硬合金と超微粒子超硬合金の組織の概念図

ジウム)やCr₃C₂(炭化クロム)を添加してつくられます。

　図1.4で示したように、チップに求められる基本性質は「硬さ」と「粘り強さ」ですが、硬いものは粘り欠けやすく、軟らかいものは欠けにくい(粘り強い)というのが材料界の決まりごとで例外はありません。しかし、「硬さと粘り強さ」を両立させたのが「超微粒子超硬合金」です。粒子は小さくなるほど組織内に残存する欠陥が小さくなるため、本来有する理想的な特性に近づきます。すなわち、硬さや強度が向上します。このことを「寸法効果」といいます。このため、図1.10に示すように、炭化タングステン(WC)の粒子が小さくなるほど、超硬合金は硬くなります。

　次に、粒子は小さくなるほど単位体積あたりの表面積が増えるため、炭化タングステン粒子と結合剤であるコバルトの接触面積が増えます。つまり、炭化タングステン粒子とコバルトの結合力が強くなるため、粘り強さが向上します。通常の超硬合金では、粒子が大きいため単位体積あたりの表面積が小さくなり、結合力が弱くなる部分(脆弱部)が存在します。この部分が破壊の起点になり、大きな欠損に繋がりますが、超微粒子超硬合金では破壊の起点がなくなるため、欠損が生じにくくなります。したがって、図1.11に示すように通常の超硬合金と超微粒子超硬合金を比較すると、超微粒子超硬合金は通常の超硬合金よりも曲げ強さ

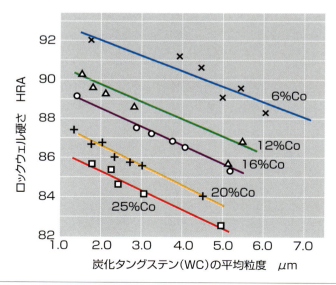

図1.10　炭化タングステンの粒径と硬さの関係

(抗折力・粘り強さ)が高くなります。

　このように、炭化タングステン(WC)を微粒子化することにより、硬さと粘り強さを向上させた超硬合金をつくることができます。最近では、0.1μmの超々微粒子、極超微粒子、ナノ微粒子超硬合金と呼ばれるものも開発されており、これらは超微粒子超硬合金よりもさらに硬く、粘り強くなっています。また粒子が小さくなると、切れ刃を精度よく、鋭利にできる利点もあります(図1.9参照)。

　ただし、炭化タングステン(WC)の粒子が小さくなり、コバルト(Co)との接触面積が増えると、炭化タングステンに対するコバルト(結合剤)の影響が大きくなります。つまり、コバルトは熱に弱く、400℃程度で酸化が始まるため、切削温度が高くなると結合剤が軟化(劣化)し、超硬合金としての硬さが失われます。このため、超微粒子超硬合金は切削温度が高くなる加工では、すくい面摩耗が大きくなり、工具寿命が短くなるため適しません。一方、超微粒子超硬合金は断続切削でチップに衝撃が加わるフライス加工や刃先角が小さく、切れ刃が鋭い欠けやすいチップに有効です。とくに、小径のエンドミルやドリル、タップは折れやすく、切削速度も高くなく、切削温度が高くなりにくいので、超微粒子超硬合金はもっとも有効といえます。

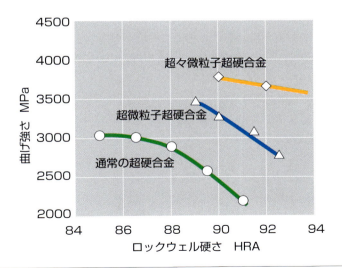

図1.11　通常の超硬合金と超微粒子超硬合金の硬さと粘り強さの関係

③サーメット

図1.12に、サーメット製のスローアウェイチップを示します。サーメットの組織は超硬合金（WC-Co）と似ており、硬質材である炭化タングステン（WC）が炭化チタン（TiC）に、結合剤であるコバルト（Co）がニッケル（Ni）に置き換わったもので、「TiC-Ni」と表記されることもあります。炭化チタン（TiC）はコバルト（Co）よりもニッケル（Ni）と相性がよく、結合力が強いため、結合剤にニッケル（Ni）を使用しています。ただし、コバルト（Co）も少量含有しています。

表1.4に、硬質材である炭化タングステン（WC）と炭化チタン（TiC）の切削特性の優劣を比較して示します。表に示すように、耐衝撃性以外の耐逃げ面摩耗、耐すくい面摩耗、耐溶着性は炭化チタン（TiC）が優れていることがわかります。炭化チタン（TiC）とニッケル（Ni）の結合力は炭化タングステン（WC）とコバルト（Co）の結合力と同程度に高くないため、サーメットは超硬合金よりも粘り強さが劣り、欠けやすいことが欠点です。しかし、サーメットは改良が進められており、主成分に窒化チタン（TiN）や焼結の補助成分としてモリブデン（Mo）を加えることによって粘り強さが改善され、現在流通しているサーメットは「TiC-TiN-Mo-Ni」と表記されるものが主流になっています。このサーメット（TiC-TiN-Mo-Ni）は硬さと粘り強さが超硬合金と同等であるため、フライス加工でも使用されるようになっています。サーメットは炭化チタン（TiC）および窒化

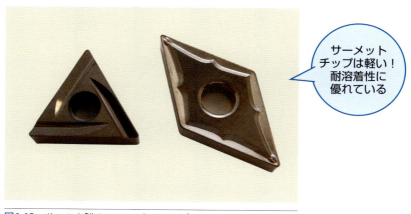

図1.12　サーメット製のスローアウェイチップ

チタン（TiN）を主成分としているため、軽量で、高温でも化学的に安定しています（高温時の硬さが低下しにくく、酸化しにくいです）。とくに、鉄（Fe）との親和性が低く、切削時に溶着が発生しにくいため、鉄鋼材料やステンレス鋼の仕上げ加工（切削速度が高く、切削点温度が高い条件）において高い耐摩耗性と理論値に近い表面粗さを得ることができることが利点です。一方、チタン（Ti）とアルミニウム（Al）は化学的に反応しやすいので、サーメットはアルミニウム合金には適しません。また、サーメットは硫黄や鉛などが含まれている快削鋼の切削では摩耗が早く進行し、工具寿命が短くなるため不適です。

表1.5に、サーメットと超硬合金の機械的特性を示します。表に示すように、サーメット（TiC-TiN-Mo-Ni）は、硬さ、破壊靱性（粘り強さ）ともに超硬合金と同程度になりつつありますが、チップに大きな衝撃が加わる荒加工では、硬く、粘り強い「超硬合金」を使用し、仕上げ加工では化学的に安定で、溶着が発生しにくい「サーメット」を使用するというのが基本的な選択指針です。また、表に示すように、熱伝導率を比較すると、サーメットは約30W/m・K、超硬合金は約80W/m・Kで、サーメットは超硬合金よりも熱伝導率が低いです。したがって、切削油剤を供給すると、急加熱・急冷却の温度差により熱亀裂が発生するため、サーメットは湿式切削に向かず、乾式切削が適します。

表1.4 炭化タングステン（WC）と炭化チタン（TiC）の切削特性の優劣の比較

	耐逃げ面摩耗性	耐すくい面摩耗性	耐溶着性	耐衝撃性
炭化タングステン（WC）	○	○	○	◎
炭化チタン（TiC）	◎	◎	◎	○

表1.5 超硬合金とサーメットの機械的特性

	炭化タングステン（WC）含有量（体積%）	ロックウェル硬さ HRA	破壊靱性 K_{IC} （MPa・$\sqrt{m}$）	熱伝導率 λ （W/m・K）	弾性係数 E （Gpa）	熱膨張係数 a （×10^{-6}/K）
超硬合金	82	85〜90	10〜15	75〜80	600	5.4
サーメット	10	90〜93	9〜12	25〜30	430	7.8

④セラミックス

図1.13に、セラミックス製のスローアウェイチップを示します。セラミックスは超硬合金やサーメットのようにコバルト（Co）やニッケル（Ni）などの金属結合剤を含まず、酸化アルミニウム（Al_2O_3）や窒化けい素（Si_3N_4）などの硬質材料のみを焼結したものです。このため、①高温時でも硬さが低下しにくいこと、②金属との親和性が低いこと、③熱膨張率が低いことの3つがとくに優れています。

図1.14に、各チップ材種の温度と硬さ、曲げ強さの関係を示します。

金属加工では切削点（チップと工作物の接触点）の温度はおおむね800～1000℃に達し、とくに、熱伝導率が低いインコネルやチタン合金、ステンレス鋼など耐熱合金の切削や旋盤加工のような連続切削（チップは工作物と接触したまま）では蓄熱も加わるため、チップ先端の温度は1000℃以上になり、切削点は真っ赤になります（赤熱します）。このため通常は、切削点を冷やすために切削油剤を供給するのが一般的ですが、セラミックスチップは1000℃近くでもビッカース硬さ1200HV程度を有する（超硬合金は常温で1400HV程度）ので、切削油剤を供給しない乾式で切削を行うことができます。また、セラミックスチップは金属の軟化温度領域で切削することができることが最大の特徴です。インコネルなどの耐熱合金でも1000℃近くになると硬さや粘り強さが低下するため切削が容易になります。さらに、セラミックスチップは高温でも硬さ

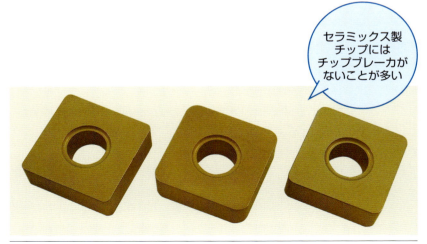

> セラミックス製チップにはチップブレーカがないことが多い

図1.13　セラミックス製のスローアウェイチップ

が低下しにくいため、超硬合金に比べて切削速度が5～10倍程度の500～1000m/minという高速で切削でき、加工能率の向上と加工コストの低減が可能です。ただし、これを実現するためには、高速スピンドルや高速テーブル駆動、工作機械本体の熱変形抑制、寸法精度管理など工作機械の特殊仕様も必要です。一方、セラミックスチップは低速の切削速度で、切削熱が高くならず、工作物が軟化しない状態では欠損や異常摩耗などが発生することがあります。

　チップとして使用されているセラミックスにはアルミナ系と窒化けい素系の2種類に大別されます。アルミナ系は「酸化アルミニウム（Al_2O_3）を主成分とするもの」と「酸化アルミニウム（Al_2O_3）に炭化チタン（TiC）を含有したもの」があります。それぞれ外観色に基づき、前者は「白セラ」、後者は「黒セラ」と呼ばれます。黒セラは白セラに比べて粘り強く、欠けにくいのが特徴で、両者とも鋳鉄の切削に適しています。また近年では、「酸化アルミニウム（Al_2O_3）に炭化けい素（SiC）ウィスカを含有したもの」が市販されています。ウィスカは針状、繊維状の結晶で含有させることにより耐熱衝撃性が向上します。

　窒化けい素（Si_3N_4）系は「窒化けい素を主成分とするもの」と「窒化けい素にアルミナを混ぜたサイアロン」があります。「窒化けい素を主成分とするもの」は1000℃程度でも粘り強さが低下せず、境界摩耗性、耐欠損性に優れているので乾式におけるフライス加工に適しています。サイアロンは、窒化けい素系の粘り強さとアルミナ系の耐化学摩耗性を有する

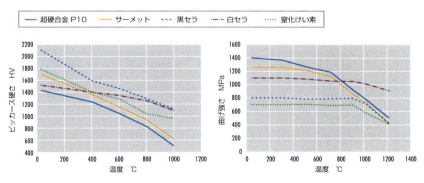

(a) 各種チップ材種の高温硬さ　　(b) 各種チップ材種の高温曲げ強さ

図1.14　各種チップの温度と硬さ、粘り強さの関係

ので耐熱合金の切削に適しています。なお、超微粒子超硬合金と同様に、セラミックス粒子も小さい方が硬さ、曲げ強さ（粘り強さ）ともに優秀です（図1.15参照）。

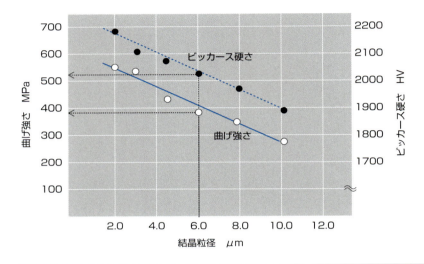

図1.15　セラミックス製チップの粒径が硬さと曲げ強さに及ぼす影響

ねずみ鋳鉄のダクタイル鋳鉄の切削ポイント

　ねずみ鋳鉄とダクタイル鋳鉄では切りくずの形状が異なります。ねずみ鋳鉄は粘り強さが低いため、切りくずは微小破壊を起こし、小片になります。一方、ダクタイル鋳鉄は粘り強さが高く、切りくずは延びやすいため、鉄鋼材料と同じような流れ形の切りくずになります。また、ダクタイル鋳鉄はチップ先端に溶着が発生しやすく、鋳物の微小な硬質粒子が切れ刃を擦るため、切れ刃の損傷が激しくなります。つまり、ねずみ鋳鉄では逃げ面摩耗が主流になり、ダクタイル鋳鉄はすくい面摩耗と逃げ面摩耗の両方が発生します。ねずみ鋳鉄では耐摩耗性が高い超硬合金のK、ダクタイル鋳鉄では耐熱性の高い超硬合金のPまたはMを選択するとよい場合もあります。

⑤CBN

図1.16に、CBN（シー・ビー・エヌ）のスローアウェイチップを示します。図に示すように、CBNチップは超硬合金の台にCBNの小片を「ろう付け」した構造になっています。CBNはCubic Boron Nitride（キュービック・ボロン・ナイトライド）の頭文字を示し、結晶構造が立方晶（Cubic）で、ホウ素（Boron）と窒素（Nitride）が共有結合したものです。CBNは天然には存在せず人工的につくられた材質です。

表1.6に、CBN、ダイヤモンド、超硬合金の特性を比較して示します。CBNの特徴は大気中において1300℃程度まで硬さが低下せず、炭素との親和性がない（化学的に炭素と反応しない）ことです。硬さは常温で、CBNが3000~5000HV程度、超硬合金が1400~1800HV程度、焼入れ鋼が700HV程度（ロックウェル硬さに換算すると60HRC）です。つまり、CBNの硬さは超硬合金の約2倍、焼入れ鋼の約5倍になります。

安定した金属切削を行うためには、切削工具の硬さは工作物の硬さの3倍以上が必要といわれているので、CBNチップで焼入れ鋼を加工する

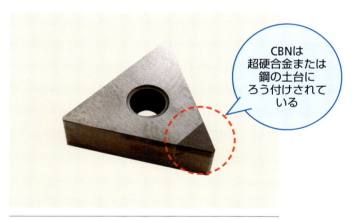

図1.16　CBNのスローアウェイチップ

超硬合金をやすりで削ってみる?!

やすりの硬さは60HRC（700HV相当）程度で、超硬合金の硬さは1400～1800HV程度です。つまり、やすりより超硬合金の方が硬いので、やすりで超硬合金を削ることはできません。

ことはできますが、超硬合金チップで焼入れ鋼を安定して加工すること
は難しいといえます。

　通常、60HRCを超える焼入れ鋼は研削加工を行わなければいけませ
んが、上記の通り、CBNチップを使用することにより切削加工を行う
ことができるため、研削加工を切削加工に置換することができます。一
方、45HRC以下の比較的軟らかい鉄鋼材料を削る際にCBNチップを用
いている例もありますが、CBNの価格は超硬合金やサーメットに比べ
て約10~20倍高価です。仮に、CBNの工具寿命が超硬合金やサーメッ
トに比べて10~20倍伸びれば、費用対効果として実用の価値はありま
すが、45HRC以下の比較的軟らかい鉄鋼材料に対するCBNの工具寿命
は超硬合金やサーメットと大差はないため、45HRC以下の比較的軟ら
かい鉄鋼材料にCBNを使用する利点はありません。また、CBNチップ
は欠けを防止するため切れ刃にホーニングが付けられていることから、
45HRC以下の比較的軟らかい鉄鋼材料では「むしれ」が発生しやすくな
ります。

　スローアウェイチップに使用されているCBNは、主として「コバルト
を焼結助剤（結合剤）としてCBN粉末の含有量が80~90％と比較的多い
もの」と「TiN（窒化チタン）やTiC（炭化チタン）を結合剤としてCBN粉末
の含有量が40~70％と比較的少ないもの」の2種類に大別されます。一
般に、前者は鋳鉄や耐熱合金、焼結合金などの切削に適し、後者は焼入
れ鋼の切削に適しています。ダクタイル鋳鉄ではCBNを使って切削速
度1000m/min以上で切削する例も報告されています。図1.17に、CBN

表1.6　CBN、ダイヤモンド、超硬合金の特性比較

	CBN	ダイヤモンド	超硬合金
結晶構造	ダイヤモンド構造	ダイヤモンド構造	————
ビッカース硬さ HV	5000	8000〜15000	1400〜1800
熱伝導率 W/m·K	1300	2100	126
鉄族元素との 反応温度	Fe、Co、Niに対し 1350℃まで反応しない	Fe、Co、Niに対し 700℃で反応する	Coと約1300℃で反応する

チップを使用した場合の利点を示します。

　近年では結合剤を使わず焼結したバインダレスCBNも開発されています。バインダレスCBNは結合剤を含まないため高温時に結合剤が軟化するということがなく、CBN本来の性能に近く、耐熱温度は1400℃、硬さは5000HV程度になります。また、CBNにセラミックスをコーティングしたコーティングCBNチップも市販されています。

　参考として、図1.18に、各種チップ材種の常温時の硬さと酸化開始温度を比較して示します。

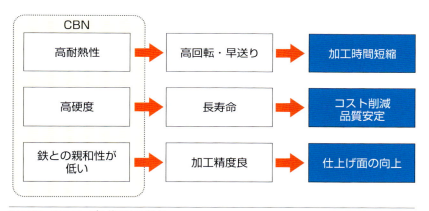

図1.17　CBNチップを使用する利点

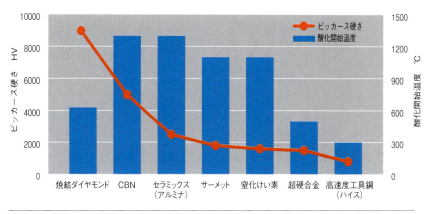

図1.18　各種チップ材種の常温時の硬さと酸化開始温度

1-4 コーティング方法の種類と特性（PVDとCVDの選択指針）

　スローアウェイチップのコーティング方法はCVD：シーブイディ（Chemical Vapor Deposition）といわれる化学反応の利用した方法と、PVD：ピーブイディ（Physical Vapor Deposition）といわれる物理反応の利用した方法の2種類に大別されます。

　PVDの原理は鍋の中に水を入れて沸騰させた際、鍋の蓋に水蒸気が付着する現象や、砂場に石を投げ込んだ際、砂が上空に飛び散る現象に似ています。つまり、鍋に入った水や砂場の砂がコーティング材で、水蒸気や飛び散った砂がコーティング材の粒子に相当し、この粒子がチップの表面に付着して薄膜が形成されます。一方、CVDは雪が積もるようなイメージで、コーティング材の粒子がチップ表面に堆積することにより、薄膜が形成されます。

　表1.7に、PVDとCVDの特徴を示します。表に示すように、PVDの主な特徴は①膜厚が薄く、切れ味が低下しないこと、②成膜温度が400℃～600℃とCVDよりも低く、母材（チップ）に対する熱影響が少ないこと（母材の強度が低下しにくいこと）、③成膜できる材質が多いことです。一方、CVDの主な特徴は①チップの温度が1000℃近くまで高温になること（母材の耐熱温度によりコーティングできる母材が限られること）、②被膜が均一で、チップとの密着性が高いこと、③多種多様な被膜が成膜できること、④被膜の多層化、膜厚が比較的容易に得られることです。一般に、コーティング膜の厚さはPVDで0.5～5μm程度、CVDで5～20μm程度です。

コーティングの膜厚による耐摩耗性と切れ味の関係

　一般に、膜厚が厚くなるほど耐摩耗性は高くなるため、耐摩耗性を向上させたいときは膜厚が厚いものを選ぶとよいでしょう。ただし、コーティング膜が厚くなると、切れ刃はホーニング刃のようになり、切れ味が劣ります。コーティングの膜厚による耐摩耗性と切れ味は相反する関係であることを覚えておきましょう。

表1.7 PVDとCVDの特徴比較

	CVD法（化学蒸着法） Chemical Vapor Deposition	PVD法（物理蒸着法） Physical Vapor Deposition
原理	化合物・単体のガスを原料とし、化学反応させてコーティングする	加熱・スパッタなどの物理的な作用により　原料金属を蒸発・イオン化させてコーティングする
膜質	TiC、TiN、TiCN、Al$_2$O$_3$	TiC、TiN、TiCN、CrN他
コーティング温度	800〜1000℃	400〜600℃
密着力	密着力は非常に高い	CVDより劣る
応力	引張応力	圧縮応力
強度	母材の50〜80%	基材の強度と同じ
膜厚	5〜20μm	0.5〜5μm
主な用途	膜厚を必要とする加工（断熱）、耐摩耗性が必要とされる加工、荒加工	シャープエッジを必要とする加工、機械的・熱的衝撃が加わる加工、耐抗折強度を必要とする加工
	旋削加工・一部フライス加工	フライス加工・ドリル・エンドミル

　切削工具の耐摩耗性と耐熱性向上を目的としたコーティング方法は元来CVDが主流でしたが、1985年頃にPVDが実用化されて以降はPVDが広く使用されるようになりました。これはPVDはCVDに比べて密着力に優れること、低温で処理できること、膜が緻密で圧縮応力をもっため、薄膜で強靭な膜が得られること、膜厚が薄く、切れ刃の鋭利さを損なわないこと、エンドミルやドリルなど複雑な形状にも均一に製膜できることがその理由です。

　さて、上記の知識に基づき、実用上チップを使いこなすために必要な知識としては、CVDコーティングはPVDコーティングよりもチップ（母材）とコーティング材の密着性が高く、膜厚が厚いです。ただし、CVDコーティングは成膜時に高温になるためチップ（母材）への熱影響が大きく、母材の粘り強さがいく分低下します。つまり、CVDコーティングチップは耐摩耗性、耐熱性に優れる反面、粘り強さに劣ります。したがって、CVDコーティングチップは連続切削で高温になるような加工、換言すれば旋盤加工に適しています。

一方、CVDコーティングは前述のとおり、PVDコーティングよりも膜厚が厚いため、切れ刃の丸みが大きくなるため、切れ味は膜厚の薄いPVDコーティングが優れています。また、PVDコーティングは低温で成膜できるため、チップ（母材）への熱影響が少なく、チップ（母材）の本来の粘り強さが低下しません。つまり、PVDコーティングチップは切れ味と粘り強さに優れる反面、膜厚が薄いため若干耐熱性に劣ります。したがって、PVDコーティングチップは仕上げ加工など切れ味を重視する場合や衝撃力が大きい断続切削、言い換えれば、フライス加工に適しています。

　ただし、CVDコーティングとPVDコーティングの選択に迷ったときには、はじめに、PVDコーティングチップを使用し、とくに耐摩耗性、耐熱性に問題が生じた場合に、CVDコーティングチップを選択するというのがよいでしょう。PVDとCVDでは特性が異なるので、特性を有効に使いわけることが重要です。また、同じコーティング膜種でも、コーティング方法によって選択基準が変わります。目的と用途に適合したコーティング膜とコーティング方法の組み合わせが大切ということです。

1.切れ味と工具寿命の使い分け

　いろいろなメーカのスローアウェイ工具を使用していると、切れ味がよい（切削速度を高くできる）けれども工具寿命が短い、一方、切れ味が悪い（切削速度を高くできない）けれども工具寿命が長いという場合があります。このような場合には、有人加工で加工数が少ない（加工距離が短い）ときは前者、無人加工で加工数が多い（加工距離が長い）ときは後者を選ぶとよいでしょう。

2.摩耗しないように加工する

　摩耗しない刃物はなく、刃物は必ず摩耗します。しかし、チップの性質に合った切削条件で使用すれば摩耗を遅らせることはできます。摩耗は切削速度に影響することが多いので、摩耗しにくい切削速度を探してみてください。

1.5 コーティング膜の種類

図1.19に、コーティングされたスローアウェイチップを示します。コーティングはチップの表面に薄膜を施すもので、チップ（母材）の性質を補うことが目的です。具体的には、耐摩耗性、耐熱性、耐溶着性、低摩擦性などの性能を向上させることができます。図1.20に、現在流通しているスローアウェイチップの割合を示します。図からわかるように、コーティングチップは全スローアウェイチップの約70％を占め、コーティングチップの性能が高いことがわかります。

さて、コーティング膜の種類は「チタン（Ti）系窒化物」、「クロム（Cr）系窒化物」、「非晶質炭素膜」の3種類に大別できます。

チタン（Ti）系窒化物の代表的なコーティング膜にはTiN（窒化チタン）、TiCN（炭窒化チタン）、TiAlN（窒化チタンアルミ）があります。

TiNは最も基本的なコーティング膜で、母材との密着性がよく、硬さが約2000～2300HV、耐熱温度が500～600℃程度です。近年では、耐摩耗性と耐熱性をさらに向上させるため、TiNにAlやSiを添加させた3元系の窒化物が主流になっています。

TiNに炭素（C）を加えたTiCNはTiNより硬く、硬さが2700～3000HV

図1.19　コーティングされたスローアウェイチップ

程度ですが、耐熱温度は約400℃とTiNよりも劣ります。

　TiNにAlを添加したTiAlNは硬さが2500～3300HVで、耐熱温度が約900℃です。また、TiNにSiを添加させたTiSiNは硬さが約3000HVで、耐熱温度が約1000℃です。

　TiAlNとTiCNを比較すると、TiAlNはTiCNより耐熱性、耐摩耗性が高いため摩耗量が小さく、工具寿命が長くなります。

　Cr系窒化物の代表的なコーティング膜にはCrN、AlCrN、AlCrONなどがあります。CrNは摩擦係数が小さく潤滑性に優れ、耐熱性も高いため、スローアウェイチップのみならず、金型の離型性改善や機械部品の焼き付き防止にも利用されています。とくにCrNは銅の加工で凝着を抑える効果が大きく、銅に対する耐摩耗性がきわめて高いため、銅の加工に威力を発揮します。CrNは硬さが1600～2100HVで、耐熱温度が700～800℃程度です。CrNにAlを添加したAlCrNは硬さが3000HV以上、耐熱温度が1000℃以上です。なお、コーティング膜の耐熱温度は目安で、良好な摩擦係数で切削できるのは切削点温度が耐熱温度の80％程度だといわれています。

　鉄鋼材料を比較的低速（切削速度100～200m/min）で加工する場合には、硬さと耐溶着性に優れたTiCNが適しています。そして、加工能率を上げるために比較的高速（切削速度200m/min以上）で、環境に配慮し

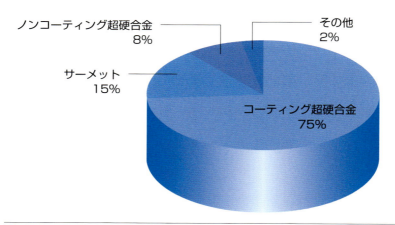

図1.20　スローアウェイチップの材種の割合

た乾式切削、ステンレス鋼やチタン合金など熱伝導率が低く、切削点に切削熱が溜まりやすいなど、切削点温度が高くなる切削では、硬さと耐熱性に優れたTiAlN、AlCrN、TiSiNなどが適します。

　以上、コーティング膜について概説しましたが、切削工具のコーティング膜はCVD法によるTiCやTiNの単層コーティングからはじまり、PVD法によるTiCNやAl$_2$O$_3$を重ねた多層コーティングに進化しました。TiCやTiNは第1世代といわれ、コーティングの初代といえるコーティング膜です。その後、コーティング膜はTiAlNが第2世代、AlCrNが第3世代と進化してきました（図1.21参照）。この進化にともないコーティング膜は硬さと耐熱性を向上してきましたが、主は耐熱性の向上と考えてもよいでしょう。これは、加工能率の向上を目的として、切削速度が高くなり、硬さ（耐摩耗性）よりも切削点温度に耐え得る耐熱性が望まれてきたからです。

　一般に超硬合金の耐熱温度は800〜1000℃といわれていますが、超硬合金の主成分である炭化タングステンは約600℃、結合剤であるコバルト（Co）は約400℃で酸化が始まります。コバルトが酸化すると炭化タングステンとの結合が弱まるため、硬さも低下します。このため、コーティングを行っていない無垢の超硬合金チップでは、切削点温度が800℃程度でも摩耗が進行し、工具寿命が短くなってしまいます。

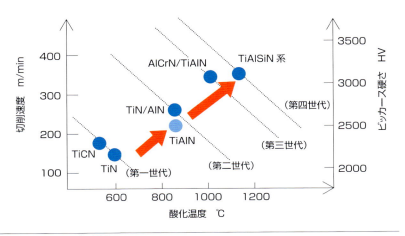

図1.21　コーティングの進化

非晶質炭素膜の代表的なものにはDLC（ダイヤモンドライクカーボン）コーティングがあります。DLCコーティングは耐溶着性にとくに優れているため、アルミニウム合金の切削に有効です。ただし、DLCは水素を含有するものとしないものに大別でき、アルミニウム合金の切削では水素を含まないDLCが効果を発揮します。また、DLCコーティングはエンドミル加工など断続切削では切削油剤を使用しない乾式切削でも溶着が発生せず、良好に切削できることが報告されています。なお、ダイヤモンドをコーティングした切削工具も市販されており、ダイヤモンドコーティングは耐摩耗性が高く、鋭い切れ味を継続できるためCFRPや耐熱合金の加工にも有効です。

　表1.8に、各種コーティングの特性を比較して示します。コーティング膜を選択する際の参考にしてください。

表1.8　各種コーティングの特性

	TiN	TiCN	TiAlN	CrN	DLC
耐食性	○	△	○	◎	○
耐酸化性	○	△	◎	○	△
耐摩耗性	○	◎	◎	○	◎
耐焼き付き性	○	○	△	◎	△
耐衝撃性	◎	△	△	○	×

機械加工技術者は鉄の料理人

　プロの料理人は食材の種類や繊維の方向によって包丁や切り方を変えます。また、意識が高く、プライドももっています。機械加工技術者も工作物の種類（硬さ、組成、成分）によって切削工具や削り方を変えることが重要です。プロ意識をもち、金属の料理人を目指す志が大切です。

第2章 チップに備わるさまざまな機能

②−① チップ主要部の名称と働き

　図2.1および図2.2に、スローアウェイチップの主要部の名称と、図2.3に外径加工の様子を示します。

　「すくい面」は、チップの上面で、切りくずが流れ出る面です。そして、水平面とすくい面でなす角を「すくい角」といい、すくい角は大きいほどチップが工作物に食い込みやすく、切れ味がよくなります。反対に、すくい角は小さいほどチップが工作物に食い込みにくく、切れ味は悪くなります。つまり、すくい角は切れ味に影響する角度です。

　「逃げ面」は、すくい面と垂直方向に位置する面です。垂直面と逃げ面がなす角を「逃げ角」といい、逃げ角があることによって、チップが工作物に接触せず、良好な切削を行うことができます。もし、逃げ角が0°の場合には、逃げ面が工作物に接触し、摩擦が生じるため、良好な切削はできません。

　「切れ刃」は、工作物を削り取る刃で、送り方向と直角に位置する切れ刃を「主切れ刃」、主切れ刃に対し、仕上げ面側に位置する切れ刃を「副切れ刃」といいます。

　「コーナ半径」は、チップ先端の丸みの半径値で、コーナ半径が大きいほどチップの先端の丸みは大きくなり、刃先の強度が高くなります。ただし、刃先が丸くなるため、チップが工作物に食い込みにくく、切れ味は悪くなります。一方、コーナ半径が小さいほどチップの先端の丸みは小さくなり、刃先の強度は低くなります。ただし、刃先が鋭くなるため、チップが工作物に食い込みやすく、切れ味はよくなります。なお、コーナ半径は「ノーズ半径」といわれることもあります。

　「チップブレーカ」は、切りくずを分断するために、すくい面に施された障壁（溝または突起）です。チップブレーカのないチップでは切りくずは分断されず、長い線状になります。

　「チップポケット」は、チップブレーカとともに切りくずを分断する働きをし、チップポケットが大きいほど大きな切りくずを分断できます。

　「内接円」は、すべての切れ刃に内接する円のことで、チップの大きさを表す指標になります。

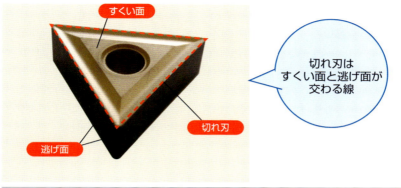

図2.1　スローアウェイチップの主要部の名称（その1）

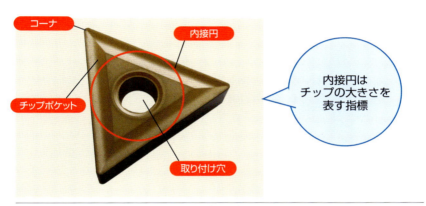

図2.2　スローアウェイチップの主要部の名称（その2）

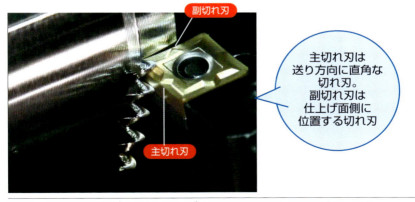

図2.3　外径加工の様子（ハイスピードカメラ）（出典:日刊工業新聞社　DVD教材「旋盤加工」）

2-2 チップブレーカとは？（切りくずを分断する機能）

図2.4に、「チップブレーカのないチップ」と「チップブレーカのあるチップ」を示します。また、図2.5に、チップブレーカのないチップとチップブレーカのあるチップで外径切削した様子を示します。チップブレーカとは切りくずを短く分断するために、すくい面に設けられた溝や突起上の模様です。チップブレーカ (chip breaker) はチップ (切りくず) をbreak (分断する) というのが語源です。

工作物を削る際に発生する切りくずは、チップのすくい面上を滑りな

図2.4　チップブレーカのないチップとあるチップ

(a) チップブレーカがない

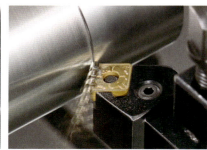
(b) チップブレーカがある

図2.5　外径切削の様子

がら排出されます。そして、図2.5に示すように、連続切削である（チップと工作物が離れない）旋盤加工でチップブレーカがないチップを使用すると、切りくずは糸のように長く繋がります。切りくずが長くなると、回転する工作物に絡まり仕上げ面にキズが付くことや、絡まった切りくずを取り除く必要があり、加工品質および作業性ともに悪くなります。したがって、チップブレーカを使って、切りくずが長くならないように、適当な長さに分断することが大切です。

　ただし、チップブレーカがあるチップを使用すれば、どのような切削条件で削っても切りくずが分断されるということにはなりません。切りくずを適正に分断させるためには、チップブレーカを正しく理解し、チップブレーカの形状に適した大きさの切りくずを排出しなければいけません。さらにいえば、チップブレーカの形状に適合した適正な切りくず体積になるように切削条件（とくにバイトの送り量と切込み深さ）を設定することが大切です。

　金属加工は図面に描かれた部品や製品をつくることが目的ですが、目的の形状をつくるために生じるのが「切りくず」です。つまり、切りくずを上手にコントロールすることが金属加工の第一歩です。

ここがポイント！

ブレーカピースとは?!

　右図に「ブレーカピース」を示します。ブレーカピースはクランプオン式のホルダで、押え金とチップのすくい面の間に介して使用し、チップブレーカと同じ機能をもちます。切りくずの大きさ（切削条件）に合わせたブレーカピースを使用するか、ブレーカピースの位置を変えることにより、適正に切りくずを分断することができます。ブレーカピースはチップブレーカが施しにくいセラミックスチップに多く使用されます。

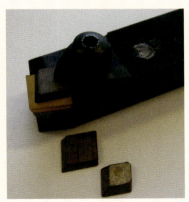
ブレーカピース

2-3 チップブレーカの種類
（溝形と突起形を使い分ける）

図2.6に、「溝形のチップブレーカ」と「突起形のチップブレーカ」を比較して示します。図に示すように、チップブレーカの種類には、すくい面に溝を付けただけの「溝形」と、すくい面に複雑な凹凸の模様を付けた「突起形」の2種類に大別されます。

チップブレーカの形状には正式な名称はないため、本書では便宜上、溝形、突起形と呼ぶことにします。突起形のチップブレーカは金型を使ったプレス加工でつくられるため、切削工具メーカによっては、突起形を「モールデット（Molded）形」と呼称していることもあります。

溝形チップブレーカも突起形チップブレーカも切りくずを分断する機能は同じですが、性能が多少異なります。以下では両者の性能の違いを詳しく解説します。

図2.6　溝形と突起形のチップブレーカ

用途に特化する欧米チップと万能を目指す国内チップ

　特殊な加工を行う場合は、欧米メーカのチップを使ってみるとよいこともあります。

①切れ味の違い

図2.7に、「溝形チップブレーカ」と「突起形チップブレーカ」のチップの切れ刃を拡大して示します。図から、溝形は切れ刃が鋭く、突起形は切れ刃が丸いことがわかります。これは、チップの成形方法に違いがあります。一般に溝形は砥石を使った研削加工で仕上げられる一方、突起形は金型を使ったプレス加工で仕上げられています。その証拠に、コーティングのない溝形では砥石で加工した研削条痕が確認できます。

このように、溝形と突起形では成形方法の違いにより切れ刃の鋭さが異なり、溝形は突起形に比べて切れ刃が鋭く、切れ味がよいため「仕上げ加工」に適しているといいます。一方、突起形は溝形に比べて切れ刃が丸く、強度が高いため「粗加工」に適しているといえます。

ここでは、切れ刃の鋭さの観点から溝形と突起形の適性について説明しましたが、溝形で粗加工を行うこともできますし、突起形で仕上げ加工を行うこともできます。溝形と突起形では成形方法が異なることにより、切れ刃の鋭さに違いがあること（適性）を正しく理解し、適材適所で使い分ける必要があることが重要です。

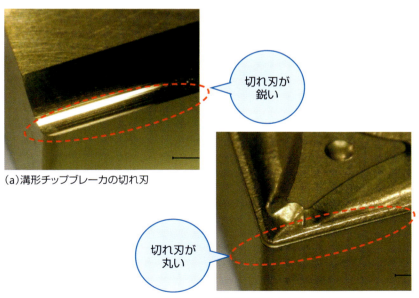

(a) 溝形チップブレーカの切れ刃

(b) 突起形チップブレーカの切れ刃

図2.7　溝形と突起形チップブレーカの切れ刃の違い

②等級（精度）の違い

図2.8に、溝形と突起形チップブレーカの付いた四角形チップの内接円の直径を測定している様子を示します。溝形と突起形ともに内接円の直径の基準寸法は12.70mmです。図から、溝形の寸法は12.70mmで基準寸法からズレがなく、突起形の寸法は12.77mmで基準寸法から0.07mmのズレがあることがわかります。つまり、溝形は突起形に比べて、精度が高い（寸法許容差が小さい）といえます。

45頁①で解説したように、溝形は研削加工で仕上げられ、突起形は金型を使ったプレス加工で仕上げられています。この成形方法の違いにより溝形と突起形は精度（寸法許容差）が異なり、通常、溝形は突起形に比べて精度が高くなっています。精度の高いチップはチップを交換した際、チップ先端の位置がズレにくいので、量産加工など同じ加工を繰り返すような場合にはバラツキの少ない、安定した加工精度を得ることができます。ただし、チップ交換時に取り付け誤差が生じないように気を

(a)溝形チップブレーカ　　　　　　(b)突起形チップブレーカ

図2.8　四角形チップの内接円の直径（dの寸法）を測定している様子

表2.1　E級、G級、M級の寸法許容差の違い

記号	内接円の直径dの許容差	辺または内接円からコーナまでの高さmの許容差	厚さsの許容差
E	±0.025	±0.025	±0.025
G	±0.025	±0.025	±0.13
M	±0.05〜±0.15	±0.08〜±0.2	±0.13

※G級はM級よりも許容差が小さく寸法精度が高い

付けることは大前提です。

日本産業規格JISでは、チップの寸法許容差(寸法精度)の大小により、等級を定めており、一般に、溝形は「G級」、突起形は「M級」に相当します。しかし、溝形には「E級」のものや突起形には「G級」のものもあるので、呼び記号の等級記号を確認することが大切です(第4章表4.3参照)。

表2.1に、E級、G級、M級の寸法許容差の違いを示します。また、図2.9に、JISに規定されている寸法許容差の規定箇所を示します。表から、d、m、sの寸法許容差をそれぞれ比較すると、E級がもっとも精度が高く、M級が最も精度が低いことがわかります。このように、チップには寸法精度の大小により等級があります。チップの寸法許容差と等級の関係については第4章④-①で詳しく解説しているので必ず参照してください。

金属加工を行うユーザにとってチップは刃物ですが、チップをつくる切削工具メーカにとってチップは製品です。つまり、一般の工業部品と同じように、チップにも図面があり、寸法許容差があります。

なお、等級が高くなるほどチップの価格も高くなります。中小企業など有人で加工を行う場合や一定数の部品を加工する少量加工のような場合には、等級の高いチップを使う必要はなく、G級やM級のチップで十分です。

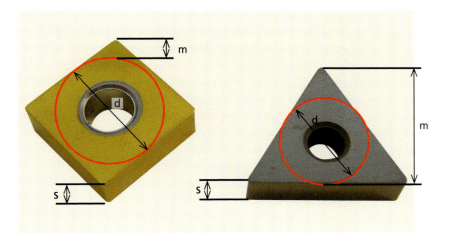

図2.9 JISに規定されている寸法許容差の規定箇所

③切りくず分断能力（切りくずを分断できる切削条件の範囲）の違い

図2.10に、溝形と突起形、それぞれのブレーカが切りくずを分断できる切削条件の範囲を模式的（イメージ）に示します。図の横軸はバイトの送り量、縦軸は切込み深さです。切削速度は一定という前提条件です。図を見てみると、溝形は切りくずを分断できる切削条件の範囲が狭く、突起形は切りくずを分断できる切削条件の範囲が広いことがわかります。これは、溝形はすくい面に溝を付けただけの単純な形状である一方で、突起形はコンピュータを使った切削シミュレーションに基づく緻密な設計による形状であることに起因しています。このことから、突起形チップブレーカは切削工具メーカの技術の結晶といえます。

さて、もう一度図を確認すると、バイトの送り量と切込み深さの両方が小さい領域は、溝形と突起形ともに切りくずが分断できる条件の範囲外であることがわかります。すなわち、バイトの送り量と切込み深さの両方が小さいときは切りくずが分断されないということです。切りくずを適正に分断するためにはチップブレーカの形状に適合した切りくずの大きさ（体積）が必要で、切りくずの体積が極端に小さい場合にはチップブレーカのあるチップでもチップブレーカが機能しないため、切りくずは分断されず、長く繋がってしまいます。つまり、バイトの送り量と切込み深さの両方が小さい仕上げ加工では切りくずが分断されず、繋がりやすくなるということです。ただし、最近の突起形ではバイトの送り量

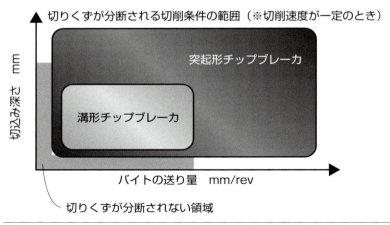

図2.10　溝形と突起形チップブレーカが切りくずを分断できる切削条件の範囲（イメージ）

と切込み深さの両方が小さい時でも、切りくずが適正に分断できるものもあります(図2.11参照)。

このように、チップブレーカは切りくずを分断する機能ですが、どのような切削条件でも切りくずを分断できるのではありません。バイトの送り量と切込み深さを、チップブレーカの形状に適合した一定の範囲に設定したときのみ切りくずは適正に分断されます。したがって、バイトの送り量と切込み深さを設定する際には、表面粗さ、加工能率、加工形状などいろいろなことを総合して設定することが多いですが、切りくずを適正に分断する(チップブレーカが適正に機能する)という観点も忘れないことが大切です。45頁①では、溝形は切れ刃が鋭いため仕上げ加工に適していると解説しましたが、仕上げ加工ではバイトの送り量と切込み深さが小さいため、溝形では切りくずを適正に分断できません。つまり、仕上げ加工において切りくずを適正に分断するという観点を優先する場合には、溝形よりも突起形の方が優れているといえます。言い換えれば、溝形を使用して、切りくずが適正に分断される条件で、仕上げ加工を行うこと(仕上げ代の設定)がポイントといえそうです。

以上、溝形と突起形は切りくずを分断する機能は同じですが、切りくずを分断できる切削条件の範囲が異なり、突起形は溝形に比べて、切りくずを分断できる切削条件の範囲が広いことを覚えておくとよいでしょう。

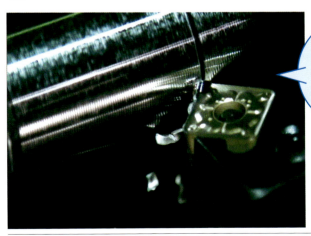

図2.11 突起形ブレーカで仕上げ加工を行っている様子(ハイスピードカメラ)
(出典:日刊工業新聞社 DVD教材「旋盤加工」)

2-4 切りくずがらせん状になる メカニズム

図2.12および図2.13に、外径切削を例に切りくずがらせん状になるメカニズムを模式的に示します。図に示すように、外径切削では、運動する力が「工作物の回転方向」と「バイトの送り方向」の2つの方向に作用します。そして、この2つの運動力が切りくずの形状と深く関係しています。

仮に、工作物が回転しない状態で、バイトが工作物の軸に沿って移動したとすると、工作物は切込み深さ（チップが工作物に食い込んだ分）だけ削り取られます。このとき、発生する切りくずはチップブレーカによって曲げられ、「蚊取り線香」のような模様の渦巻き形状になります（図2.12参照）。

しかし、実際には工作物は回転しているので、工作物の回転方向に力が作用すると、渦巻き形状（蚊取り線香形状）になるはずの切りくずがバイトのシャンクの方向に流れ出るようになり、「渦巻き形状」が「らせん形状」になります。これが、切りくずがらせん形状になるメカニズムです。

このように、旋盤加工では、外径切削に限らず、ほとんどの切削で工作物の回転方向とバイトの送り方向の2つの方向に力が作用することになるため、流出する切りくずはらせん形状になります。ただし、図2.14に示すように、突っ切り加工では工作物の回転方向とバイトの運動方向が向き合うため、切りくずは渦巻き形状になります。

ここがポイント！

旋盤加工の切りくずの厚さはバイトの送り量と同じ?!

旋盤加工で発生する切りくずの厚さは、理論上バイトの送り量と同じになります。つまり、切りくずの厚みを測定して、バイトの送り量と同じ値であれば、理論通りということです。機械加工は理論と実際は異なりますが、理論に近づけることが大切です。

外径切削の模式図

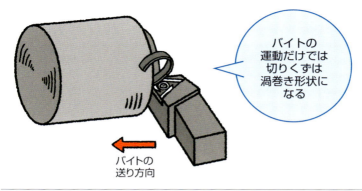

図2.12 切りくずがらせん形状になるメカニズム(切りくずが渦巻き形状になる)

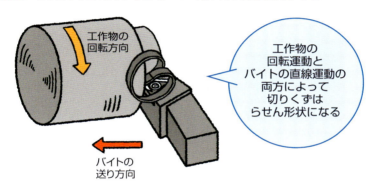

図2.13 切りくずがらせん形状になるメカニズム(切りくずがらせん形状になる)

図2.14 突っ切り加工の様子(切りくずが渦巻き形状になる)

2-5 溝形チップブレーカの溝幅とバイトの送り量の密接な関係

　48頁の2-3③では、チップブレーカはバイトの送り量と切込み深さが一定の範囲を満たしたときに切りくずが分断でき、どのような切削条件でも切りくずが分断されるわけではないと解説しました。ここでは、溝形チップブレーカの溝幅とバイトの送り量の関係について解説します。

　図2.15および図2.16に、溝形チップブレーカのチップと溝幅を拡大した様子を示します。図に示すように、溝形チップブレーカは溝の幅と深さで大きさを表すことができますが、切りくずの分断で重要になるのが溝幅です。結論から述べると、溝形チップブレーカでは、バイトの送り量を溝幅の1/6〜1/7に設定すると切りくずが分断されやすく、これ以外のバイトの送り量では切りくずが分断されにくくなります。たとえば、溝形チップブレーカの溝幅が2mmの場合には、バイトの送り量を溝幅の1/6〜1/7である0.28mm/rev〜0.33mm/revに設定したときに切りくずが分断されやすいということです。ただし、切込み深さが極端に小さいときや大きいときには適正に分断されないので、この点は注意してください。

　旋盤加工における切削条件は切削速度(回転数)、バイトの送り量、切込み深さの3つです。切削速度はチップの材質と工作物の材質の組み合わせによって標準的な値が決まっているため、標準的な値であれば切りくずは分断されます。言い換えると、切削速度は切りくずの分断に対して大きく影響せず、切りくずが適正に分断されるか否かは主としてバイトの送り量と切込み深さによって決まります。

ここがポイント！

突起形チップブレーカを汎用旋盤で使用するときには注意！

　突起形チップブレーカは切りくずを分断する能力が高く、切りくずは小片になることがあります。突起形チップブレーカのチップを汎用旋盤で使用する際には、小片になった切りくずが飛散することがあるため、保護めがねの着用を忘れないようにしてください。

図2.15　溝形チップブレーカのチップ

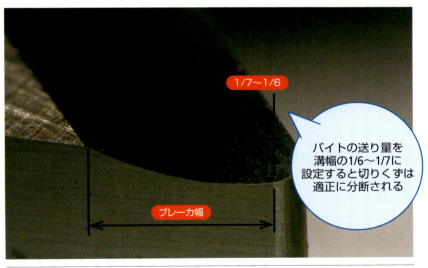

図2.16　溝形チップブレーカの溝幅を拡大した様子

②-⑥ チップポケットの見方 (荒加工用と仕上げ加工用の見分け方)

図2.17に、チップポケットを示します。チップポケット (chip pocket) は名称の通り、切りくずを一時的に収容するために設けられたすくい面の窪み (凹み) のことです。図2.18に、チップポケットと切りくずの関係を模式的に示します。図に示すように、切りくずは生成直後、チップポケットに収容され、その後、チップブレーカによって湾曲し、分断されます。このように、チップポケットはチップブレーカとともに切りくずを分断し、円滑に排出するための重要な役割を担っています。

図2.19に、「(a) チップポケットが広くて深いチップブレーカ」と「(b) チップポケットが狭くて浅いチップブレーカ」とを比較して示します。図から、溝形、突起形に関わらず、チップポケットの大きさに違いがあることがわかります。図2.18に示すように、荒加工では、バイトの送り量と切込み深さが大きいため、切りくずも大きくなります。したがって、大きな切りくずを収容できる広くて深いチップポケットが必要です。

一方、仕上げ加工では、バイトの送り量と切込み深さが小さいため、切りくずも小さくなります。したがって、切りくずを収容できるチップポケットは狭くて浅いもので十分です。つまり、チップポケットの大小を確認すれば、荒加工または仕上げ加工のどちらに適しているのかを簡単に判別できるということです。

なお、上述の通り、チップポケットは切りくずを収容するための窪みなので、チップポケットよりも切りくずが大きい場合には、切りくずがチップポケットに詰まり、チップは欠けてしまいます。したがって、チップポケットで収納できる切りくずの大きさが切削条件 (バイトの送り量と切込み深さ) の最大値といえます。一方、チップポケットよりも切りくずが小さ過ぎる場合には、切りくずがチップポケットに収納されず (チップブレーカが機能せず)、切りくずは長く繋がってしまいます。すなわち、チップポケットの大きさに適合した切削条件 (バイトの送り量および切込み深さ) の設定が大切で、換言すると、切削条件に適合したチップポケットをもつチップを選択することが大切ということです。

図2.17　チップポケット

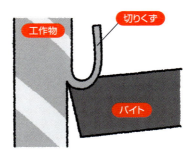

図2.18　チップポケットと切りくずの大きさの関係

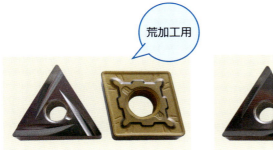
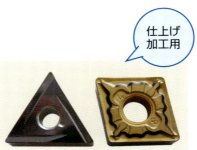

(a) チップポケットが広い　　　　(b) チップポケットが狭い

図2.19　溝形と突起形チップブレーカのチップ（チップポケットの大小）の比較

②-⑦ ホーニング刃

　図2.20に、「ホーニング刃」と「ホーニング刃ではない」チップの切れ刃を比較して示します。図に示すように、ホーニング刃は切れ刃に微小な丸みや面取りを施した刃のことです。切れ刃が鋭いほどチップは工作物に食い込みやすく、切れ味がよくなりますが、強度が弱くなるため、工作物に接触した際に欠けることや異常摩耗することがあります。一方、切れ刃に微小な丸みや面取りを施すと、チップは工作物に食い込みにくく、切れ味が悪くなりますが、切れ刃の強度が高くなるため、欠けや異常摩耗を防ぐことができます。

　図2.21に、ホーニング刃とホーニング刃ではないチップの摩耗曲線を示します。図から、ホーニング刃のチップは切削距離が長くなっても摩耗量が大きくなりませんが、ホーニング刃ではないチップは切削距離が長くなるにともない摩耗量が急激に大きくなることがわかります。このように、ホーニング刃は切れ刃の強度を高め、摩耗量を抑制する効果があります。ただし、ホーニング刃は丸みが大きいほど、または面取りの量が大きいほど、切れ刃の強度は高くなり、欠けにくくなりますが、切れ味は悪くなるため切削抵抗が大きく、びびりが生じやすくなります。

　総括すると、仕上げ加工など切れ味を重視する場合には、ホーニング刃ではないチップまたはホーニングの小さなチップを選択し、荒加工など切れ刃の強度を重視する場合にホーニング刃のチップを選択するとよいといえるでしょう。アルミニウム合金や銅合金など軟らかい材料を削る場合には、ホーニング刃でない切れ刃が鋭いチップが有効です。

　なお、従来使用されていた「ろう付けバイト（付刃バイト）」では、グラインダ（ダイヤモンド砥石など）でチップを研削した後、図2.22に示すように、ハンドラッパや油砥石で切れ刃に丸みや面取りを付けていました。このような作業を慣用的に「ホーニングする」といい、また、この作業は切れ刃を故意に摩耗させる作業であるため、「刃殺し」ともいわれていました。

(a) ホーニング刃

(b) ホーニング刃ではない切れ刃

図2.20 ホーニング刃とホーニング刃ではない切れ刃の拡大図

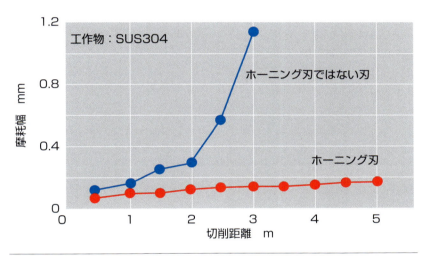

図2.21 ホーニング刃とホーニング刃ではない切れ刃の摩耗曲線（イメージ）

図2.22 ハンドラッパを使った切れ刃成形の様子

2-8 ホーニング刃の種類（丸形と面取り形）

図2.23に、丸形と面取り形のホーニング刃を示します。図に示すように、ホーニング刃には、丸形と面取り形の2種類があり、面取り形は「チャンファホーニング」ともいわれます。スローアウェイチップとして広く流通しているのは丸形で、面取り形はあまり流通していません。これは、丸形は金型を使ったプレス加工で成形でき製造コストが安価ですが、面取りは研削加工で成形するため製造コストが高くなるためです。

図2.24および図2.25に、丸形と面取り形の工具寿命と切削抵抗を比較して示します。図2.24（a）は欠損による工具寿命を、（b）は通常摩耗による工具寿命を示しています。ホーニング刃の大きさはチップ先端からの長さ（幅）で表します。

（a）から、欠損による工具寿命を比較すると、丸形および面取り形ともにホーニング刃の幅が大きくなるほど、欠損による工具寿命が長くな

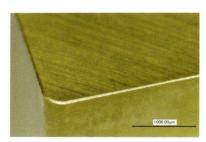

(a)丸形　　　　　　　　　　　(b)面取り形

図2.23　ホーニング刃の種類

何事にも理由（理屈）がある

　切りくずの形状や色、飛散方向、切削中に発生するびびりや切削音など機械加工で生じる現象には必ず理由があります。理由がなく発生する現象はありません。生産現場で発生する現象の理由を考えてください。考えることが一流になる第一歩です！

ることがわかります。そして、丸形と面取り形のホーニング刃の幅が同じ場合、丸形は面取り形よりも欠損による工具寿命が長いことが確認できます。このことから、丸形は面取り形よりも欠損しにくく、切れ刃の強度が高いことがわかります。

また、(b)から、摩耗による工具寿命を比べると、丸形と面取り形は工具寿命があまり変わらないことがわかります。このことから、欠損が発生せず、通常摩耗で切削が進行した場合には、摩耗の観点では丸形と面取り形はどちらも同じ切削性能をもつといえます。

次に、図2.25から切削抵抗を比較すると、ホーニング刃の大きさに関わらず、丸形は切削抵抗が高く、面取り形は切削抵抗が低いことが確

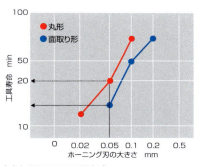
(a)欠損による工具寿命

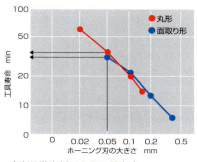
(b)通常摩耗による工具寿命

図2.24 ホーニング刃の種類と工具寿命の関係(一例)

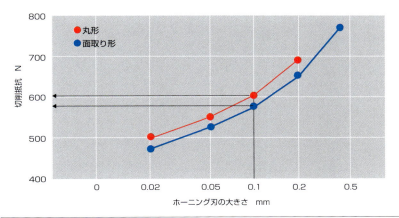

図2.25 ホーニング刃の種類と切削抵抗の関係(一例)

認できます。つまり、丸形は切れ味が悪く、面取りは切れ味がよいといえます。

このように、丸形は切れ刃の強度に優れ、工具寿命が長いですが、切れ味がいく分悪いため切削抵抗が高くなるという特性があります。一方、面取り形は切れ味がよく、切削抵抗が小さいですが、切れ刃の強度が弱く、工具寿命が短いという特性をもちます。したがって、工具寿命を重視する場合には丸形を、切れ味を重視する場合には面取り形を選択するのがよいでしょう。また、欠損しない程度の面取り形を使用することにより、丸形と同等の工具寿命が得られ、切削抵抗が低い切削を行うことができることも覚えておくとよいでしょう。

さらに、ホーニング刃の幅はバイトの送り量と関係があり、ホーニング刃の幅はバイトの送り量の1/2程度が目安といわれています。このことも覚えておきましょう。

表2.2に、丸形と面取り形の性能を比較して示します。

表2.2　ホーニング刃の種類と性能

ホーニング刃	面取り形	丸形
切れ刃の形状	幅／角度／チップ	幅／チップ
切れ刃の強度	低い（欠けやすい）	高い（欠けにくい）
切れ味	優れる	劣る

ホーニング刃の幅は大きすぎると、工具寿命が短くなる！

図2.24（b）からわかるように、ホーニング刃の幅は大きすぎると、切れ味が悪く、切削抵抗が大きくなるため工具寿命が短くなります。ホーニング刃の幅は切れ刃が欠けない最小のものを選択することが大切です。

②-⑨ ランド（Land）

　図2.26に、「ランドの付いたチップ」を示します。また、図2.27に、ランドの付いたチップの切れ刃を拡大して示します。図に示すように、ランドはすくい面または逃げ面に切れ刃に沿って設けられた幅が狭い帯状の面です。図から切れ刃を拡大すると、ランドの幅を確認することができます。

　ランドは切れ刃の強度を向上させ、欠けにくくする効果があり、突発的な欠損を防止することができます。この反面、切れ刃の切れ味は悪くなるため、チップが工作物に食い込みにくく、切削抵抗は高くなります。ランドと②-⑦に示したホーニング刃は両者ともに切れ刃の強度を高める効果をもつため、ランドとホーニング刃の使い分けが大切になります。

ランドは切れ刃に沿った幅の狭い平坦部

図2.26　ランドの付いたチップ

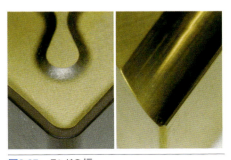

図2.27　ランドの幅

ここがポイント

ランドとホーニング刃は切削条件に合わせて使い分けることが大切です。

2-10 すくい面に施されたランドと切込み深さおよびバイトの送り量の最小値の関係

　切りくず処理の観点から、すくい面に施されたランドと切込み深さおよびバイトの送り量の最小値について考えます。図2.28に、すくい面にランドの付いたチップの刃先と切込み深さおよびバイトの送り量の関係を示します。また、図2.29に、図2.28に示すチップが切りくずを分断できる切削条件の範囲を示します。

　まず、図2.29から、切込み深さが約0.1mm以下、バイトの送り量が約0.1mm以下の条件は、切りくずが分断される切削条件の範囲外になり、適正に切りくずが分断されないことがわかります。ここで、図2.28を見てみると、切込み深さが約0.1mm以下、バイトの送り量が約0.1mm以下という条件はすくい面に施されたランドの幅と同じ大きさであることがわかります。つまり、すくい面にランドが施されたチップを使用する場合には、切込み深さおよびバイトの送り量をランドの幅よりも小さくすると、工作物をランドで削ることになり、チップブレーカの効果を得ることができず、切りくずが繋がってしまいます。このため、図2.29に示したように、切込み深さが約0.1mm以下、バイトの送り量が約0.1mm以下の条件は切りくずが分断される切削条件の範囲外になっているのです。つまり、すくい面にランドが施されたチップを使用し、適正に切りくずを分断するためには、切込み深さおよびバイトの送り量をランドの幅よりも大きくすることが必須です。さらにいえば、すくい面にランドが施されたチップを使用する場合には、すくい面に施されたランドの幅が切込み深さおよびバイトの送り量の最小値になるということです。このように、すくい面に施されたランドの幅と切込み深さおよびバイトの送り量の最小値には関係があることを覚えておきましょう。

ランドの幅と切削条件の関係

　ランド付きのチップはランドの幅がバイトの送り量と切込み深さの最小値になります。バイトの送り量と切込み深さがランドの幅以下の場合には、チップブレーカが機能しません。

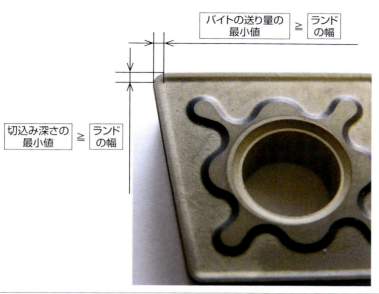

図2.28　すくい面にランドの付いたチップの刃先と切込み深さおよびバイトの送り量の関係

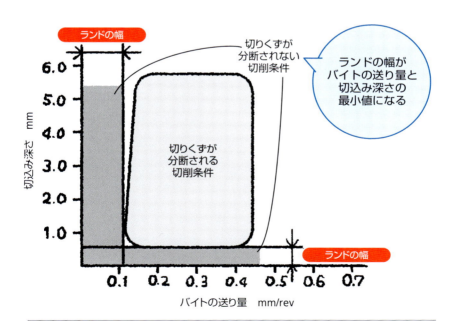

図2.29　図2.28に示すランド付きチップが切りくずを分断できる切削条件の範囲

2-11 さらい刃

図2.30および図2.31に、さらい刃の付いたチップとさらい刃の拡大図を示します。図に示すように、さらい刃は逃げ面に設けられたわずかな幅の平坦面です。

図2.32に、さらい刃による仕上げ面の生成メカニズムを示します。図に示しように、旋盤加工した工作物の表面はチップのコーナを転写させた形状になり、表面にはバイトの送り量によって、コーナの干渉高さが生じます。理論的には、この干渉高さが表面粗さの最大高さRzに相当します。一方、さらい刃の付いたチップでは逃げ面にわずかな平坦面があることによって、バイトの送りによって生じるコーナの干渉高さを削り取り、平坦な表面になることがわかります。そして、さらい刃のないチップでバイトの送り量を大きくすると（加工能率を向上しようとすると）、工作物表面に生じる干渉高さも大きくなり、表面粗さが大きくなってしまいます。つまり、加工能率と表面粗さは相反する関係にあり、加工能率向上と表面粗さ低減の両立はできません。

しかし、さらい刃はバイトの送り量を大きくしても、さらい刃の効果により、工作物表面に生じる干渉高さを除去し、平坦な表面を得ることができます。

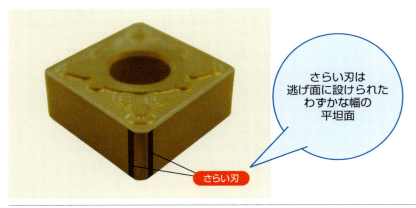

図2.30　さらい刃の付いたチップ

このように、さらい刃はバイトの送り量を大きくしても(加工能率を向上しても)、表面粗さを低減することができるというのがさらい刃の最大の利点です。ただし、図に示すように、さらい刃は工作物との接触面積が大きくなるため、切削抵抗が大きくなり、びびりが生じやすく、上述したように平坦な表面を適正に得るためには一定のノウハウが必要です。実際は理論どおりには上手くいかず、理論と実際は違うということです。

　なお、さらい刃は商品名では「ワイパー(Wiper)」と呼称されています。ワイパーは車のワイパーと同じで、拭き取るという意味です。

図2.31　さらい刃の拡大図

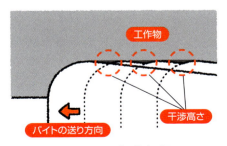
(a)さらい刃のないチップの仕上げ面

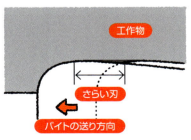
(b)さらい刃の付いたチップの仕上げ面

図2.32　さらい刃による仕上げ面の生成メカニズム

1.合金元素とは？

　合金元素とは材料に含有することで材料の特性を強化することができる物質です。一般に、含有する合金元素の種類が多いほど、硬さや粘り強さ、耐熱性など優れた性質をもつ材料といえます。合金元素は料理に入れる調味料のようなもので、調味料の種類が多いほど深い味わいになるのと同じです。言い換えれば、元々材料が優れていれば、合金元素を入れる必要はないということです。

2.切れ味重視なら自製バイト

　下図に、自製バイトの切れ刃を示します。本図で示す自製バイトの切れ刃と図2.7に示した突起形ブレーカの切れ刃を比較すると、自製バイトの切れ刃の方が鋭いことがわかります。もちろん、研ぐ技能は必要ですが、切れ味重視なら自製バイトが最強です。

3.残留応力を考慮した切削条件とチップの仕様

　切削後の工作物表面には切削抵抗と切削熱によって残留応力が生じます。一般に、残留応力はひずみや腐食を促進させるため有害と考えられていますが、圧縮応力を付与するなど組成変形や結晶粒を制御して、表面特性を改善すること（材料の特性を向上させること）も可能です。形状創製と機能創製を両立させる切削加工を考えることが大切です。

第3章
チップを使いこなすための知識

3-1 チップの形状と刃先強度の関係

図3.1に、いろいろな形状のチップを示します。図から、スローアウェイチップにはいろいろな形状のものがあることがわかります。ここでは、チップの刃先角と刃先強度について解説します。

図3.2に刃先角を示します。図に示すように、刃先角はコーナを挟む切れ刃からなる角度で、刃先角が小さいほどチップの形状は尖った形状になります。

次に、図3.3に代表的なチップの形状と刃先強度の関係を示します。図に示すように、切れ刃の強度は刃先角が小さいほど弱く、一方、刃先角が大きいほど強度が強くなります。

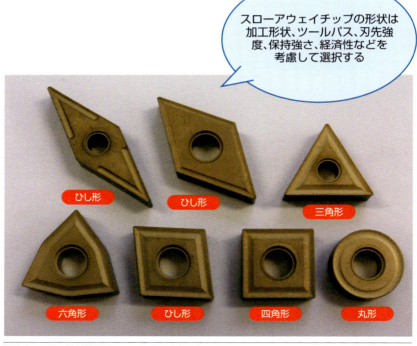

図3.1 いろいろな形状のスローアウェイチップ

図3.2 刃先角

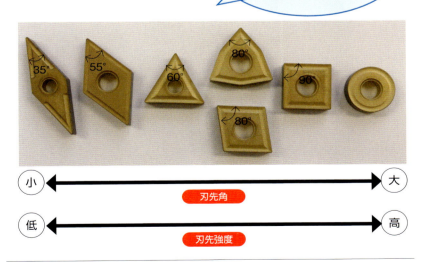

図3.3 代表的なチップの形状と刃先強度の関係

たとえば、図3.4に示すように、刃先角35°や55°のひし形チップは刃先角が小さいため、溝など入り組んだ箇所や偏狭な形状を削る際に便利なチップです。しかし、刃先の強度が弱いので、刃先に強い衝撃が加わる断続切削や硬い材料の切削には適しません。

　そして、図3.5に示すように、刃先角80°のひし形チップは外径切削と端面切削の両方の切削に使用できるため、使い勝手がよく、汎用性の高いチップです。刃先角80°のひし形チップは刃先角が大きく、刃先強度が強いので、図3.6に示すような、刃先に強い衝撃が加わる断続切削にも有効です。しかし、図3.7に示すように、湾曲した形状や複雑な形状を削る際には、刃先角が大きいことによって、チップやホルダが工作物に干渉するため、切削できる加工形状に制約があります。

　また、丸形のチップは円周上すべてが切れ刃として使用でき、刃先角がない（尖っていない）ので、刃先の強度はチップ形状の中でもっとも高いです。丸形のチップは切れ刃が摩耗した場合には、チップを回転させて使用できるので便利ですが、切れ刃と工作物の接触弧が長くなるため、切削抵抗が大きく、剛性がない細長い工作物に使用すると、びびりが発生しやすくなります。

　一般に、荒加工など切削抵抗が大きい切削では刃先強度の高い刃先角80°のひし形や六角形のチップを使用し、仕上げなど切削抵抗が小さい切削では刃先角55°のひし形や刃先角60°の三角形のチップを使用するとよいでしょう。

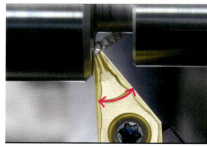
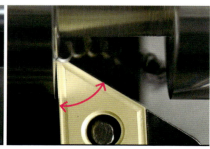

図3.4　刃先角35°および55°のひし形チップを使った切削の様子

(a) 外径切削　　　　　　　　（b）端面切削

図3.5　刃先角80°のひし形チップを使った切削の様子

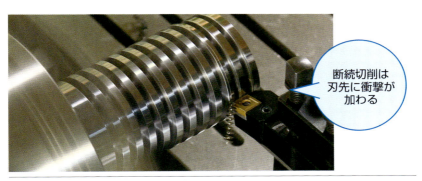

断続切削は刃先に衝撃が加わる

図3.6　断続切削の様子（溝の外径加工）

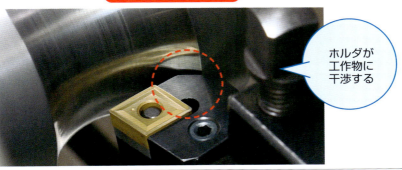

ホルダが工作物に干渉する

図3.7　ホルダが工作物に干渉する様子

3-2 チップの形状と保持力の関係

　図3.8に、三角形、ひし形、六角形チップをホルダに取り付けた様子を示します。また、図3.9および図3.10に、視点をチップの先端方向に移して、チップの脱着前後を比較して示します。

　図3.10から、三角形とひし形チップはチップの側面とホルダが接触する面（ホルダの側壁）が2面であることがわかります。そして、六角形チップはチップの側面とホルダが接触する面が3面であることがわかります。チップの保持力（チップがホルダに固定される力）はチップとホルダの接触面の数と接触面積の大きさに比例し、接触する面の数が多く、接触面積が大きいほど保持力は強くなります。つまり、チップとホルダの接触面の数を指標とすると、六角形チップは三角形チップやひし形チップよりも保持力が強いといえます。ただし、ひし形チップはチップとホルダの接触面の面積が大きいため、保持力は六角形チップと同程度に強いです。したがって、荒加工のように切込み深さが大きく、チップに作用する衝撃が大きい作用する切削では、チップとホルダの接触面の数が多い六角形チップ、または、チップとホルダの接触面積が大きいひし形チップを選択するのがよいといえます。一方、仕上げ加工など切込み深さが小さく、チップに作用する衝撃が小さい切削では、チップとホルダの接触面の数が少なく、接触面積が小さい三角形チップで十分です。

　六角形チップの刃先角は80°で、ひし形チップにも刃先角が80°のものがあります。両者とも刃先角が同じなので刃先強度も同じですが、六角形チップはチップとホルダが3面で接触し、ひし形チップはチップとホルダが2面で接触します。チップの保持力はチップとホルダが接触する面の数と大きさに比例するため、六角形チップとひし形チップの保持力は同程度ですが、わずかに六角形チップの方が強いようです。

　また、チップとホルダが接触する面の数が多いほど、切削抵抗に対して安定してチップを保持できる（切削抵抗の送り分力や背分力のようにチップを平面上に回転する方向に作用する力に対して強い）ため、重切削の場合には、六角形チップを選択するのがよいでしょう。

図3.8　三角形、ひし形、六角形チップをホルダに取り付けた様子

図3.9　三角形、ひし形、六角形チップをホルダに取り付けた様子

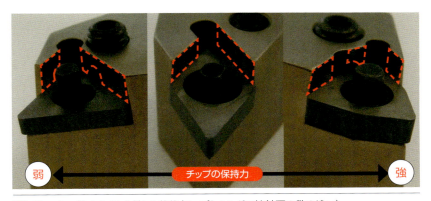

図3.10　チップをホルダから外した状態（チップとホルダの接触面の数の違い）

3.3 チップの形状と経済性の関係

図3.11に、逃げ角0°のチップ（逃げ角がないチップ）と逃げ角が付いたチップを並べて示し、図中には切削に使用できるコーナの数を記載しています。図から、チップの形状と逃げ角の有無によって切削に使用できるコーナ（刃先）の数が異なることがわかります。逃げ角がないチップでは、両面のコーナが使用できるため、切削に使用できるコーナの数はひし形で4カ所、三角形と六角形で6カ所、四角形で8カ所になります。一方、逃げ角が付いたチップでは、片面のコーナしか使用できないため、切削に使用できるコーナの数はひし形で2カ所、三角形と六角形で3カ所、四角形で4カ所になり、切削に使用できるコーナの数が逃げ角がないチップよりも1/2に減ります。

チップ1個の価格は大きさや等級などによって決まり、等級や大きさが同程度のチップでは形状が違っても価格はほとんど変わりません。つまり、1つのコーナが工具寿命にいたるまでの切削距離が同じ場合、チップを交換するまでの総切削距離は1つのコーナが工具寿命にいたるまでの切削距離に切削に使用できるコーナの数を掛けて計算できるため、切削に使用できるコーナの数が多いほど、チップを交換するまでの総切

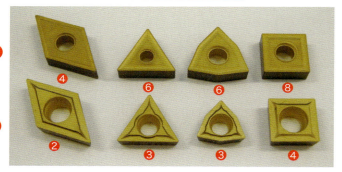

※コーナが多いほど経済性がよい

図3.11　チップの形状と経済性（切削に使用できるコーナの数）

削距離が長くなります。つまり、切削に使用できるコーナの数が多いほどチップ1個あたりの総切削距離が長くなるため経済性がよいといえます。

したがって、図3.11中では、逃げ角のない四角チップがもっとも経済性がよいということになります。また、刃先角80°のひし形チップと六角形チップは刃先角が同じなので、刃先強度は変わりませんが、逃げ角がない場合には、ひし形チップは4カ所、六角形チップは6カ所のコーナが使用できるため経済的です。すなわち、ひし形チップと六角形チップは③-②で解説した保持力と経済性の両方を考量して選択することが大切です。なお、図3.12に示すように、丸形チップは円周全部が切れ刃として使用できるため、切れ刃が摩耗した場合には、少しずつ回転させて使用することができます。丸形チップはもっとも経済性がよいチップです。

図3.12　丸形チップは経済性がもっともよい

チップの交換頻度と作業時間

　機械加工を行う企業では、図面に指示された形状をつくることによって（形状という付加価値を付けることによって）お金を稼いでいます。つまり、切りくずを排出してお金を稼いでいるのです。言い換えれば、切りくずを排出していない時間（工作機械が停止している時間）は稼いでいないことになります。機械加工を行う企業が儲かるためには、工作機械が停止している時間をいかになくすかが大切です。そのためにも、**チップの交換回数は少なく、交換作業時間は短い**ことが大切です。

3-4 チップの厚みと取り付け穴の有無による耐衝撃性

図3.13に、厚みが異なるチップ、取り付け穴があるチップ、取り付け穴がないチップを示します。チップの厚みは剛性(変形しにくさ)に直接影響し、厚みが大きいほど、剛性が高く(切削力に強く)、耐衝撃性に優れます。同様に、取り付け穴がないチップは取り付け穴があるチップに比べて剛性が高く(切削力に強く)、耐衝撃性に優れます。したがって、断続切削や重切削などチップに大きな切削力が作用するときには、厚く、取り付け穴のないチップを選択するのがよいでしょう。

ただし、図3.14に示すように、取り付け穴がないチップはホルダへの固定方法が限られ、クランプオン式のホルダを使用することになります。クランプオン式はチップを敷金に押さえつけて保持する機構で、チップをホルダの側壁に引き込む機能はないため、チップ交換時の刃先位置の再現性は少し劣ります。また、切削抵抗の送り分力や背分力などチップを平面上に回転する力に対していく分弱いことが欠点です。

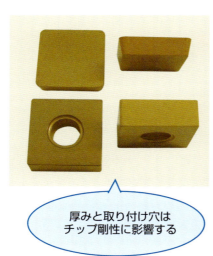

厚みと取り付け穴はチップ剛性に影響する

図3.13　厚みが異なるチップ、取り付け穴があるチップ、取り付け穴がないチップ

図3.14　クランプオン式のホルダ

3-5 トルクスねじとチップの取り付け穴の形状

図3.15に、チップの取り付けねじとチップの取り付け穴を拡大して示します。図から、チップの取り付けねじの当部座面と取り付け穴の入口がテーパ形状になっていることがわかります。ねじの頭部座面と取り付け穴の入口は互いに接触する箇所になり、この箇所をテーパ形状にすることによって、接触面積が増え、チップとホルダの締結力が向上します。また、ねじの頭部座面がテーパ形状であることから、チップを斜め方向の押し付ける力が作用し、チップを敷金と側壁の両方へ押し付ける作用もあります。このように、締結力と斜めに押し付ける力を作用させるため、チップの取り付けねじの頭部座面とチップの取り付け穴入口はテーパ形状になっているものがあります。

また、図3.16に示すように、チップの取り付けねじの頭部を見ると、ドライバを差し込む穴の形状が六角形の星型になっていることがわかります。このように、ドライバの差し込み穴が六角形の星型になっているねじを「トルクスねじ」といいます。トルクスねじはドライバと差し込み穴とのかみ合いが強く、トルクを伝える効率が高いことが特徴です。トルクスねじはドライバと差し込み穴のかみ合いが強いため、ねじを締めつける際、ドライバが外れにくく、差し込み穴の耐久性が高いことが利点で、小さなスローアウェイチップの取り付けねじに多く採用されています。トルクスねじはヨーロッパではプラス形やマイナス形のねじよりも主流になりつつあります。

図3.15 チップの取り付けねじと取り付け穴のテーパ形状

図3.16 トルクスねじ

3-6 コーナ半径と表面粗さの関係

図3.17に、コーナ半径と表面粗さの関係を模式的に示します。図に示すように、旋盤加工を行った工作物の表面（仕上げ面）は理論上チップの先端（コーナ）を転写した形状になります。図(a)、(b)はバイトの送り量、切込み深さ、チップの刃先角が同じで、コーナ半径の大きさが違う場合（コーナ半径以外の切削条件はすべて同じ）を示しています。(a)はコーナ半径が大きく、(b)はコーナ半径が小さいときです。

(a)と(b)の仕上げ面に生じる凹凸を比較すると、コーナ半径の大きい(a)は仕上げ面に生じる凹凸が小さく、コーナ半径の小さい(b)は仕上げ面に生じる凹凸が大きいことがわかります。そして、仕上げ面に生じる凹凸は表面粗さの大きさを表す「最大高さ粗さRz」に相当します。つまり、バイトの送り量や刃先角など切削条件やチップの仕様が同じでも、コーナ半径の大きさによって仕上げ面に生じる凹凸が異なり、コーナ半径が大きいほど仕上げ面に生じる凹凸が小さくなり、滑らかな表面になるため、小さな表面粗さを得ることができます。

ただし、コーナ半径が大きいほどチップの丸み（切れ味が悪い部分）と工作物の接触部が長くなるため、びびりが発生しやすく、理論どおりに小さな表面粗さが得られないこともあります。

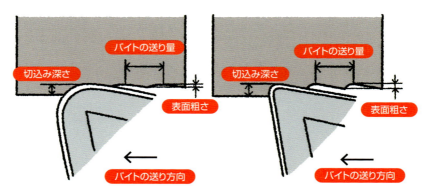

(a)コーナ半径が大きいとき　　　(a)コーナ半径が小さいとき

図3.17　コーナ半径と表面粗さの関係

図3.18に、コーナ半径、バイトの送り量、表面粗さ、三者の関係を模式的に示します。(a)に示すように、バイトの送り量がチップと工作物が干渉する長さよりも大きくなると、工作物の表面に削り残し（削られない部分）が発生することがわかります。このことから、バイトの送り量はチップと工作物が干渉する長さよりも小さくしなければいけないことがわかります。一方、(b)に示すように、バイトの送り量がチップと工作物が干渉する長さと同じか、小さくなると、(a)のような削り残しは発生せず、チップのコーナを転写させた仕上げ面になることがわかります。そして、(c)に示すように、バイトの送り量がチップと工作物が干渉する長さよりも極端に小さくなると、バイトの送り量とチップのコーナの干渉によって発生する凹凸がきわめて小さくなり、滑らかな仕上げ面になることがわかります。このことから、仕上げ加工の際にバイトの送り量を小さく設定する理由が理解できると思います。

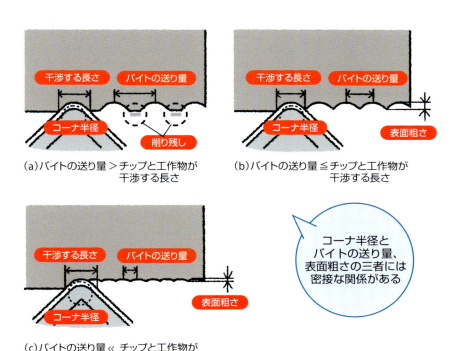

図3.18　バイトの送り量とチップと工作物が干渉する長さの関係

このように、コーナ半径、バイトの送り量、表面粗さの三者に関係があり、バイトの送り量は使用するバイトのチップのコーナ半径（先端丸み）に依存する「削り残し」が発生しないように設定しなければいけません。日常の業務ではあまり意識されていないことですが、重要な視点ですので覚えておいてください。

　なお、次頁に示すように、バイトの送り量とチップのコーナの干渉によって仕上げ面に生じる凹凸H（mm）はコーナ半径r（mm）、バイトの送り量fによって、式①から求めることができます。凹凸Hは表面粗さの指標の一つである「最大高さ粗さRz」に相当します。

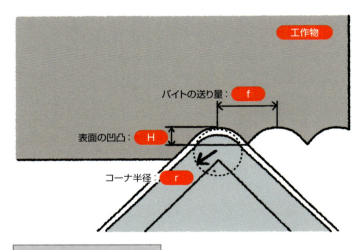

$$H = \frac{f^2}{8r}$$

H：表面の凹凸（mm）
f：バイトの送り量（mm/rev）
r：コーナ半径（mm）

図3.19　コーナ半径、バイトの送り量、表面の凹凸の関係

コーナ半径と仕上げ代の関係

　切込み深さがコーナ半径よりも小さいと、びびりやむしれが生じやすくなります。仕上げ代はコーナ半径よりも大きく設定することが大切です！

3-7 必要な表面粗さからバイトの送り量を決める方法

図3.20に、必要な表面粗さからバイトの送り量を決める方法を示します。図から、旋盤加工を行った仕上げ面に生じる凹凸の高さHは図中式①で計算することができます。つまり、式①に示すように、仕上げ面に生じる凹凸の高さHはコーナ半径rとバイトの送り量fによって求めることができます。そして、仕上げ面に生じる凹凸の高さHは表面粗さの「最大高さ粗さRz」に相当します。ここで、式①を式②のように変換すると、コーナ半径rと凹凸の高さHからバイトの送り量fを求められることがわかります。

図面には加工する箇所に応じて必要な表面粗さが指示されており、現在、表面粗さの代表的な指示記号には主として、三角記号、算術平均粗さRa、最大高さ粗さRzなどがあります。現在のJISでは三角記号は規定されておらず、算術平均粗さRa、最大高さ粗さRzは規定されています。

表3.1に、三角記号、算術平均粗さRa、最大高さ粗さRzの対応表を示します。表に示すように、三角記号、算術平均粗さRa、最大高さ粗

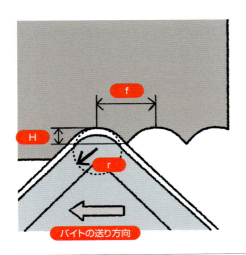

H：表面の凹凸（mm）
f：バイトの送り量（mm/rev）
r：コーナ半径（mm）

$$H = \frac{f^2}{8r} \quad ①$$

バイトの送り量：f を求める式に変換する

$$f = \sqrt{8r \times H} \quad ②$$

図3.20 必要な表面粗さからバイトの送り量を決める方法

さ Rz には関係があり、それぞれ置換することができます。とくに、算術平均粗さ Ra、最大高さ粗さ Rz は図3.21 に示す関係があり、算術平均粗さ Ra を4倍すると、ほぼ最大高さ粗さ Rz と同じになります。

さて、図面には加工箇所それぞれに表面粗さが指示されており、加工者は図面に指示されている表面粗さ以下になるように加工を行わなければいけません。たとえば、図面上に Rz1.6 と指示されている場合には、最大高さ粗さ Rz が 1.6 μm 以下になるように加工を行う必要があり、切削条件（バイトの送り量）を設定しなければいけませんが、バイトの送り量は必要な表面粗さから適正値を決めることができます。

最大高さ粗さ Rz はバイトの送り量とコーナの干渉によって仕上げ面に生じる凹凸の高さ H に相当するため、図3.22 に示す式の H に 1.6 μm を代入し（実際は式中の単位を合わせるために 0.0016mm として代入し）、続けて、使用するチップのコーナ半径 r を代入すれば（本図では 0.4mm を代入）、最大高さ粗さ Rz が 1.6 μm に仕上げることができるバイトの送り量 f（図中では 0.07mm/rev）を求めることができます。このように、必要な表面粗さと使用するチップのコーナ半径がわかれば、必要な表面粗さに仕上げるための適正なバイトの送り量（最大値）を計算することができます。

仮に、図面で指示されている表面粗さが三角記号や算術平均粗さ Ra で指示されていたときには、表に示す対応表を確認し、三角記号や算術平均粗さ Ra に相当する最大高さ粗さ Rz に置き換えて、図3.20式②に代

表3.1　三角記号、算術平均粗さRa、最大高さ粗さRzの対応表

三角記号	算術平均粗さRa	最大高さ粗さRz
▽	25 12.5	100 50
▽▽	6.3 3.2	25 12.5
▽▽▽	1.6 0.8 0.4	6.3 3.2 1.6
▽▽▽▽	0.2 0.1 0.05 0.025	0.8 0.4 0.2 0.1

現在のJISでは三角記号は廃止されている

入し、バイトの送り量を計算すればよいということです。たとえば、算術平均粗さRa1.6であればRz6.3、Ra0.2であればRz0.8に置換すれば問題ありません。また、三角記号で指示された場合には、対応表に示す最大高さ粗さRzのもっとも大きな値を図3.20式②に代入すればよいです。具体的には、三角記号▽のときはRz100μm、▽▽のときはRz25μm、▽▽▽のときはRz6.3μm、▽▽▽▽のときはRz1.6μmとなります。さらに、三角記号で指示されているときには、不要に表面粗さを低くする（表面を滑らかにする）必要はありません。図中の式からわかるように、表面粗さを小さくするためには（表面の凹凸Hを小さくするためには）、バイトの送り量fを小さくする必要があるため加工能率が低くなってしまい、無駄に加工コストが高く、過剰品質にもなります。

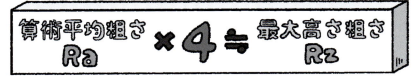

図3.21　算術平均粗さRaと最大高さ粗さRzの関係

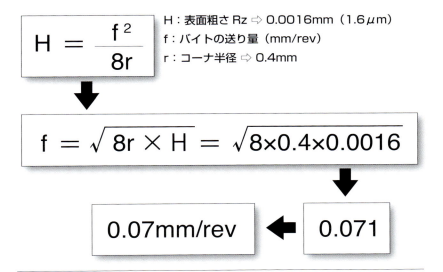

図3.22　必要な表面粗さからバイトの送り量を決める方法（具体例）

③-⑧ コーナ半径と適正切込み深さの関係 （切削抵抗の向きに注目！）

　図3.23に、コーナ半径と切込み深さの関係を模式的に示します。(a)、(b)はバイトの送り量、切込み深さ、チップの刃先角が同じで、コーナ半径の大きさが違う場合（コーナ半径以外の切削条件はすべて同じ）を示しています。(a)はコーナ半径が大きく、(b)はコーナ半径が小さいときです。ここで注目すべき点はコーナ半径と切込み深さの関係で、(a)は切込み深さがコーナ半径よりも小さく、(b)は切込み深さがコーナ半径よりも大きくなっています。

　図に示すように、旋盤加工における外径切削を二次元で表すと、切削抵抗はチップのコーナと工作物が接触する弦に対して垂直に作用します。そして、図中の一点鎖線は仕上げ面に対して垂直方法に引いた線で、この線を基準として、(a)と(b)の切削抵抗の向きを比較すると、(a)は(b)に比べて仕上げ面に対して垂直方法に近い方向に作用することがわかります。つまり、(a)は切削抵抗が切込み深さ（仕上げ面）の逆向きに強く作用することになります。さらにいえば、(a)は切削抵抗がチップを工作物から遠ざける方向に強く作用するため、設定した切込み深さで工作物を削れず、加工誤差が生じやすいということになります。また、(a)は切削抵抗がチップを切込み方向と逆方向に押し返すため、仕上げ面の性状（凹凸）が規則正しくならず、表面粗さが悪化します。加えて、びびりも発生しやすくなります。

　そして、切込み深さがコーナ半径よりも小さい(a)では、コーナの先端（切れ味の悪い丸み部分）で工作物を削ることになり、一方、切込み深さがコーナ半径よりも大きい(b)では、チップの先端がしっかりと工作物に食い込み、切れ刃で工作物を削ることがわかります。つまり、(a)では、チップが工作物に食い込まず、上滑りし、むしれが生じやすくなります（図3.24参照）。

　以上をまとめると、切込み深さがコーナ半径よりも小さいこと（切込み深さの逆方向に切削抵抗が強く作用すること）は、加工精度不良、びびり発生、表面粗さ悪化の観点から好ましくありません。生産現場では、仕上げ加工のときなど切込み深さをコーナ半径よりも小さく設定するこ

とも多いですが、本図に示すように、切削抵抗の向きおよびチップの食い込み具合を考えると、切込み深さはコーナ半径よりも大きくすることが望ましいといえます。すなわち、仕上げ加工の取り代はコーナ半径が基準になり、コーナ半径よりも大きく残しておくことがポイントといえます。

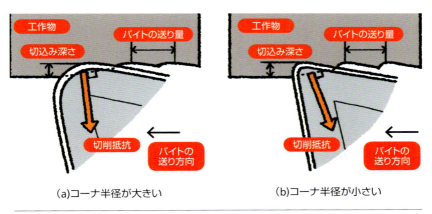

(a)コーナ半径が大きい　　　　　　(b)コーナ半径が小さい

図3.23　コーナ半径と切込み深さの関係：外径切削（切削抵抗の向きに注目！）

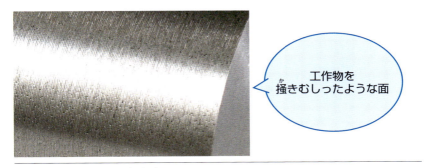

図3.24　むしれが発生した仕上げ面

コーナ半径と摩耗の関係

　コーナ半径と摩耗には関係があり、コーナ半径が小さいほど摩耗は早くなります。コーナ半径が小さいほど刃先が鋭利なため切削熱が溜まり、軟化することによって摩耗が促進されます。
　一方、コーナ半径が大きいほど切削熱が拡散しやすいため、摩耗を抑制できます。

なお、図3.25に示すように、この現象は内径加工でも同じです。内径加工では、バイトの突き出し長さが長くなり支持剛性が低くなります。このことに加えて、切削抵抗が切込み深さの逆向きに強く作用するということは、言い換えれば、切削抵抗がバイトを曲げる方向に強く作用するということになるため、バイトがたわみ、外径切削のときよりもびびりが発生しやすくなります。また、内径加工ではコーナ半径よりも切込み深さが小さいと、切りくずの流出方向が不安定になります。内径加工は工作物の中から切りくずを外へ排出しなければならないため、切りくずの流出方向が不安定になると排出が悪くなり、切りくずが詰まります。

　このため、内径加工では外径加工以上にコーナ半径と切込み深さの関係に注意が必要です。金属加工の極意は刃先に注目し、刃先に作用する力の大きさと向きを考えることです。上記を理解し、コーナ半径に適した切込み深さを設定することが大切です。

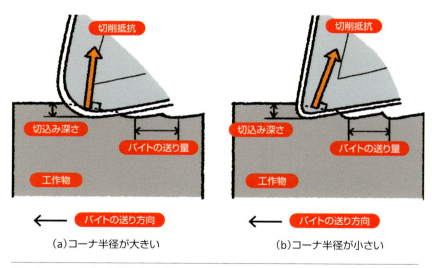

図3.25　コーナ半径と切込み深さの関係：内径切削（切削抵抗の向きに注目！）

ここがポイント！

1.内径切削用バイトのシャンクの太さ

　内径切削用バイトの選択する際、適正なシャンク径を考えるという内径加工特有の注意点があります。内径切削用バイトは突き出し長さが長くなるため、できるだけシャンク径が太いものを選ぶことが大切です。ただし、シャンクの径が太くなると、切りくずの排出性が悪くなることがあるので、この点は注意が必要です。

2.内径切削用バイトの材質と制振合金

　内径切削用バイトのシャンクの材質には、鉄鋼または超硬合金が使用されています。一般に、鉄鋼製のシャンクではL/Dが4を超えるとびびりが発生しやすくなります。びびりの発生を抑制する手段として、「制振合金」があります。制振合金とは振動を吸収する特性に優れた合金で、制振合金を敷板に使用するとびびりを抑制できることがあります。

3.内径切削と逃げ角の有無

　内径切削では、チップの逃げ面と穴の内壁の接触を避けるため、一般には逃げ角がプラス角度のチップを使用します。しかし、穴の寸法が大きい（加工径が大きい）ときはチップの逃げ面と穴の内壁の接触が避けられるため、切削に使用できるコーナの数が多い逃げ角なし（0°）のチップを使用することも考えられます。

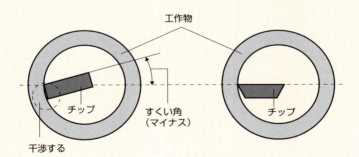

(a)逃げ角0°のチップ　　　　　(b)逃げ角がプラスのチップ

3-9 コーナ半径と切り取り厚さの関係（上滑り、むしれとコバ欠けの抑制）

図3.26に、コーナ半径と切込み深さの関係を模式的に示します。(a)、(b)はバイトの送り量、切込み深さ、チップの刃先角が同じで、コーナ半径の大きさが違う場合（コーナ半径以外の切削条件はすべて同じ）を示しています。(a)はコーナ半径が大きく、(b)はコーナ半径が小さいときです。ここで注目すべき点はコーナ半径と切込み深さの関係で、(a)は切込み深さがコーナ半径よりも小さく、(b)は切込み深さがコーナ半径よりも大きくなっています。

図に示すように、旋盤加工における外径切削を二次元で表したとき、工作物1回転あたりにチップが工作物を削り取る量（面積）を「切り取り厚さ」といいます。

(a)と(b)の切り取り厚さを比較すると、(a)は切り取り厚さが薄く、(b)は切り取り厚さが厚いことがわかります。これは、切込み深さがコーナ半径よりも小さい(a)では、コーナの先端（丸み部分）で工作物を削るこ

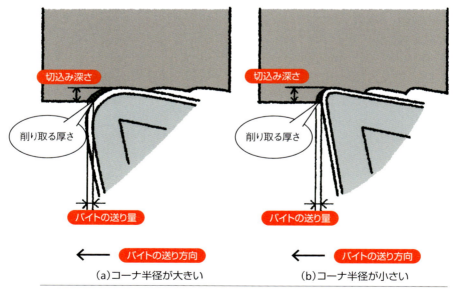

図3.26　コーナ半径と切り取り厚さの関係

とになり、切込み深さがコーナ半径よりも大きい(b)では、チップの先端がしっかり工作物に食い込み、主切れ刃で工作物を削られることに起因します。

このように、切込み深さがコーナ半径よりも小さい場合には、切り取り厚さが薄くなり、チップが工作物に食い込みにくく、上滑りし、むしれが生じやすくなります(図3.24参照)。また、チップのコーナが仕上げ面と擦れるため仕上げ面は白濁します。③-⑧で解説したことに加え、切り取り厚さの観点からも、切込み深さはコーナ半径よりも大きく設定することが望ましいといえます。

ただし、図3.27に示すように、ねずみ鋳鉄など粘り強さが低い工作物では、切り取り厚さを薄くすることにより、コバ欠け(チップが工作物から抜ける際に、工作物の角に生じる小さな欠け)を抑制することができます。適材適所に切り取り厚さを調整することが大切です。

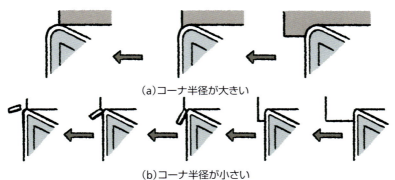

(a)コーナ半径が大きい

(b)コーナ半径が小さい

図3.27 切り取り厚さとコバ欠けの関係

鉄鋼の5元素とは?

鉄鋼の5元素とは炭素(C)、ケイ素(Si)、マンガン(Mn)、リン(P)、硫黄(S)の5つの元素で、これらの元素の含有割合と含有量によって鉄鋼の性能が変わります。炭素(C)、ケイ素(Si)、マンガン(Mn)を含有していると、硬さ、粘り強さ、耐熱性などが向上し、プラスの性能に働きますが、リン(P)、硫黄(S)を含有していると強度が弱くなるなどマイナスの性能に働きます。

3-10 コーナ半径による削り残しと隅Rによる制約

図3.28に、旋盤加工における外径切削時の段差とチップ先端の様子を拡大して示します。また、図3.29に、外径切削時の段差とチップ先端の様子を模式的に示します。図に示すように、旋盤加工における外径切削時の段差の隅部は直角（90°）に削られず、チップの先端（コーナ、丸み）を転写したR形状になります。言い換えれば、図に示すように、隅部には削り残しが生じます。

隅部のR形状（削り残し）はチップ先端の丸みが大きいほど（コーナ半径が大きいほど）増大し、チップ先端の丸みが小さいほど（コーナ半径が小さいほど）減少します。

つまり、旋盤加工における外径切削時の段差の隅部のR形状を小さくする（削り残しをなくす）ためには、コーナが尖った鋭利なチップ（コーナ半径が0のチップ）を使用することになります。ただし、コーナ半径が0のチップは尖っているため欠けやすく、実用上使用することは難し

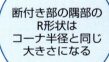
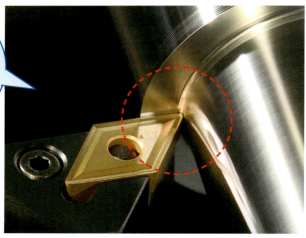

図3.28　外径切削時の段差とチップ先端の様子

いため、旋盤加工における外径切削時の段差の隅部は必ずR形状になり、削り残しが発生します。このことは旋盤加工の解決すべき課題の1つです。

　ここで、段差の隅部に生じるR形状に注目すると、R形状の大きさはチップのコーナを転写した形であるため、理論上、コーナ半径と同じになります。つまり、図面や企業内のルールで段差の隅部に生じるR形状の大きさが規定されている場合には、必然的に、規定されているR形状と同じ大きさのコーナ半径のチップを使用しなければいけないことになります。

　チップのコーナ半径を選択する際には、段差の隅部に生じるR形状の大きさによる制約があることを覚えておきましょう。

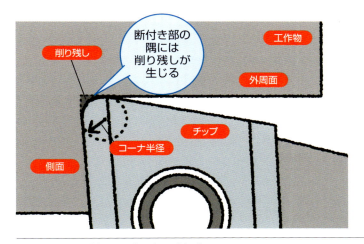

図3.29　外径切削時の段差に生じる削り残し

アルミニウム合金の削り方

　アルミニウム合金の加工は溶着を発生させず、切りくずの排出性を高くすることが必須です。したがって、切削速度を300〜500m/min程度まで高くすることが効果的です。チップのコーティングは水素フリーのDLCコーティングやダイヤモンドコーティングが有効です。高圧の切削油剤を供給し、切りくずを切削点から遠ざけることも必要です。

3-11 刃先角と表面粗さの関係

　図**3.30**に、スローアウェイチップの刃先角とバイトの送り量、コーナの干渉によって仕上げ面に生じる凹凸の関係を模式的に示します。(a)は刃先角55°、(b)は刃先角80°のチップの例です。なお、(a)、(b)ともコーナ半径の大きさは同じです。図から、(a)の刃先角が55°のチップでは仕上げ面に生じる凹凸が大きい一方、(b)の刃先角80°のチップでは仕上げ面に生じる凹凸が小さく、比較的滑らかな表面になることがわかります。このことから、仕上げ面に生じる凹凸の大きさはチップの刃先角によって異なり、刃先角が大きいほど凹凸は小さく、仕上げ面は滑らかになります（小さな表面粗さを得られます）。ただし、刃先角が大きいほど、切削時にチップが工作物と接触する長さ（コーナの丸みが接触する長さ）が長くなるため、切削抵抗が大きくなり、びびりが生じやすくなります。また、とくに切込み深さが小さいときには、チップが工作物に食い込まず、上滑りし、むしれが生じやすくなります。つまり、理論的には刃先角が大きいチップは小さいチップに比べて、凹凸の小さい滑らかな仕上げ面になりますが、実際にはびびりやむしれが発生しやすく、理論どおりに表面粗さが小さくなるとはいえません。

　図**3.31**に、刃先角55°と刃先角80°のチップで削った仕上げ面を比較して示します。図から、刃先角55°のチップで削った仕上げ面は刃先角80°のチップで削った仕上げ面よりも凹凸（チップが削った跡）が明瞭で、バイトの送り量によって生じる干渉高さも鋭利に尖っていることが確認できます。刃先角55°のチップで削った仕上げ面は虹面を反射し、見た目の美しさが良好です。虹面は仕上げ面の凹凸による光の回折によって生じるもので、凹凸が明瞭なほど（チップで削った跡が鮮明なほど）発生しやすくなります。

　一般に、工業製品では表面粗さが小さいことが優先されますが、一定の機能的な価値が問われる場合や美観的な価値が問われる芸術品や美術品では美観的な仕上がりが望まれることがあります。したがって、表面粗さを小さくするのか、あるいは、虹面による美観的な価値を得るのか、いずれを優先させるかで、刃先角の大小を選択するとよいでしょう。

また、旋盤加工に関する多くの参考書では、旋盤加工における表面粗さはコーナ半径とバイトの送り量に依存すると記載されていますが、実際の表面粗さはコーナ半径とバイトの送り量だけでなく、チップの刃先角によっても変わることを覚えておきましょう。

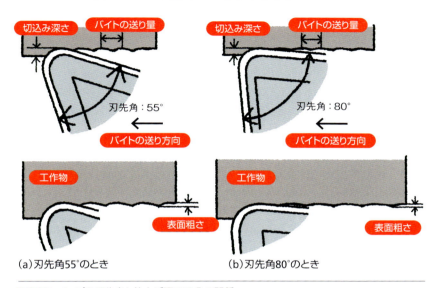

(a) 刃先角55°のとき　　　　(b) 刃先角80°のとき

図3.30　チップの刃先角と仕上げ面の凹凸の関係

 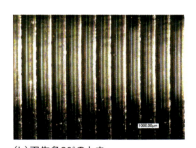

(a) 刃先角55°のとき　　　　(b) 刃先角80°のとき

図3.31　刃先角55°と80°のチップで削ったときの仕上げ面

チップの刃先角は表面粗さに影響し、刃先角が小さいほど表面粗さは大きく、刃先角が小さいほど表面粗さは小さくなります。

3-12 チップの保持方法の種類と特徴

　スローアウェイチップをホルダに固定する方法にはいくつかの種類があり、JISでは5種類の方法を規定しています。表3.2に、JIS B 4125に規定されているチップの固定方法を示します。表に示すように、チップの固定方法は記号で分類されており、C、M、P、S、Wがあります。JISでは固定方法について規定していますが、固定の仕組み（機構）までは規定していません。一般に流通しているものはJISで規定されているものが多いですが、切削メーカ独自の固定方法や仕組みによってチップを固定する方法のもの（JISに規定されていないもの）も一部流通しています。

　図3.32に、旋盤加工における外径切削の様子を模式的に示します。図に示すように、切削中、チップには3つの方向に切削抵抗（工作物からチップに作用する力）が作用します。主分力はチップを上から押しつける方向に作用するため、ホルダ（敷金）で受け止めることになります。送り分力と背分力はチップを平面上に回転する方向に作用するため、ホルダの側壁で受け止めることになります。チップの保持力が弱いと、切削中、切削抵抗によってチップが微小に動き（ずれて）、欠けや異常摩耗、

チップに作用する力とホルダに求められること

　旋盤加工に限らず切削時にチップに作用する切削抵抗の主分力はチップをホルダに押し付ける方向に作用するため、ホルダには主分力に耐えられる剛性（曲がりにくい性能）が求められます。そして、切削抵抗の送り分力と背分力はチップを回転させる方向に作用するため、ホルダにはチップが回転しないように固定する性能が求められます。送り分力と背分力によるチップのズレを抑制するためには、チップを多くの面で支持すればよく、チップとホルダが2面で接触する三角形やひし形チップに比べて、チップとホルダが3面で接触する六角形チップはチップがズレにくい（動きにくい）といえます。切削抵抗が強く作用する方向によってホルダに求められる性能も異なります。

加工精度悪化の原因になります。また、切削中におけるチップのずれは大きな事故に繋がることもあるので、チップの取り付けは注意すべきポイントです。

　チップをホルダに取り付ける際は適当に取り付けるのではなく、チップとホルダの間に小さな切りくずや塵が入り込むことがないよう清掃し、規定された締め付け力で確実に保持することが大切です。

表3.2　JISに規定されているチップの固定方法（JIS B 4125）

記号	チップの固定方法
C	クランプオン式：チップの上面を押さえ金でクランプする方法
M	クランプオン式およびピンロック式の面拘束二重クランプ方法
P	ピンロック式二面拘束形：穴付きチップを、ピンで2つの側壁に押し付けてクランプする方法
S	ねじ止め式：穴付きチップを、ねじによってクランプする方法
W	ウェッジロック式：穴付きチップを、ウェッジでピンに押し付けてクランプする方式

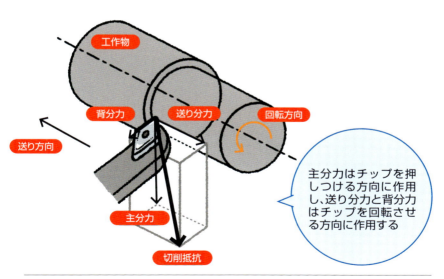

図3.32　旋盤加工における外径切削の模式図（チップに作用する切削力の方向）

①クランプオン式

図3.33および図3.34に、クランプオン式のホルダとその仕組みを示します。図に示すように、クランプオン式は押さえ金（クランプ駒）でチップのすくい面を押し、チップの下面を敷金に密着させて（押さえつけて）固定する方法です。表3.2に示すように、クランプオン式のJISの構造記号は「C」です。クランプオン式は主として取り付け穴のないチップを固定する際に使用され、チップの保持強度は高く、断続切削や重切削にも使用できます。ただし、クランプオン式は固定の仕組みとしてチップを上から下に押しつける方向のみ力が作用し、チップをホルダの側壁へ押さえつける（引き込む）力は作用しないため、クランプ力（押しつけ力）が弱い場合には、切削抵抗（とくに送り分力や背分力などチップを平面上に回転させる力）によりチップが微小に動く（ズレる）ことがあります。このような理由から、クランプオン式は送り分力と背分力が一致し、背分力がホルダの壁面方向に作用する突っ切りバイトで多用されています。

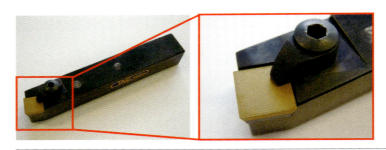

図3.33　クランプオン式のホルダ

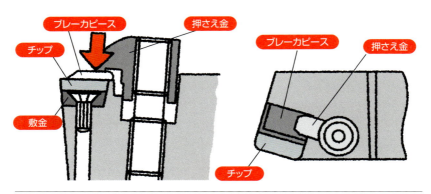

図3.34　クランプオン式のホルダの仕組み（※矢印は固定力の方向を示しています）

②ピンロック式（レバーロック式）

図3.35および図3.36に、ピンロック式のホルダとその仕組みを示します。ピンロック式はL字ピンの偏心機構を利用して、チップをホルダの側壁に押しつけて固定する方法です。ピンロック式はレバーロック式と呼ばれることもあります。表3.2に示すように、ピンロック式のJISの構造記号は「P」です。

ピンロック式は取り付け穴のあるチップが対象です。ピンロック式は操作性に優れ、チップをホルダの側壁に引き込んで固定するためチップ交換時の刃先位置の再現精度は良好です。ただし、ピンロック式はチップを敷金に押さえつける力（上から下に押しつける力）は強くないため、チップの敷金への座りはあまりよくありません。切削抵抗の主分力はチップをホルダ(敷金)に押しつける方向に作用するためチップが浮き上がることはないですが、断続切削や重切削には不向きです。

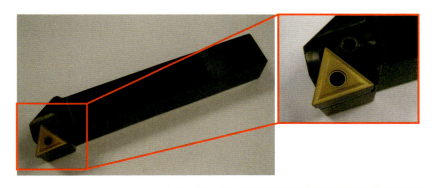

図3.35 ピンロック式のホルダ

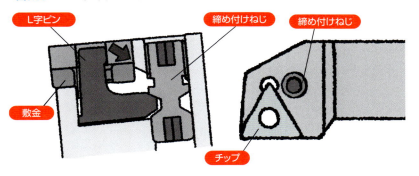

図3.36 ピンロック式のホルダの仕組み（※矢印は固定力の方向を示しています）

③クランプオン式＆ピンロック式

図3.37および図3.38に、クランプオン式＆ピンロック式のホルダとその仕組みを示します。クランプオン式＆ピンロック式はクランプオン式とピンロック式を組み合わせた二重拘束の固定方法です。表3.2に示すように、クランプオン式＆ピンロック式のJISの構造記号は「M」です。

チップを固定する仕組みは、はじめに、偏心ピンでチップをホルダの側壁に押しつけ、次に、押さえ金（クランプ駒）ですくい面を押さえ、チップを敷金に押しつけます。このように、クランプオン式とピンロック式は偏心ピンによる側壁への引き込みと、押さえ金による敷金への押しつけの2つの機構でチップを拘束するため保持力が高く、切削中の切削抵抗によるチップのズレもほとんど発生しないことが特徴です。また、クランプオン式＆ピンロック式は、ピンロックでチップをホルダの壁面に引き込むので、チップ交換時の刃先位置の再現精度はピンロック式と同様に良好ですが、他の固定方法と比較しても最良です。ただし、2つの力で拘束するため、拘束力に偏りが生じた場合、刃先の位置が多少ずれることもあるので注意が必要です。

クランプオン式＆ピンロック式はチップの保持力が強いですが、チップの取り付けに2カ所の操作を行わなければならず、操作性が悪いのが欠点でした。そこで現在では、図3.39、図3.40に示すように押さえ金（クランプ駒）をチップすくい面または取りつけ穴に引っ掛けて締め付けることにより、チップをホルダの側壁と敷金の両方に押し込む仕組みの固定方法（ホルダ）が開発されています。このホルダは1回の締め付け操作でチップをホルダに拘束できるので操作性がよく、保持力や刃先位置の再現精度が高いことが特徴です。このホルダは「ダブルクランプ式」または「二重クランプ式」という名称で市販され、多用されています。「ダブルクランプ式」または「二重クランプ式」はクランプオン式＆ピンロック式の概念をそのままに操作性を高めたものなので、クランプオン式＆ピンロック式の一種に区分されます。

ただし、ダブルクランプ式は押さえ金1個で、チップの側壁への引き込みと敷金への押し込みの両方を行っているので、締め付け力が分散する傾向にあります。適正な締め付け力で固定しないと切削中チップが動くことがあるので注意が必要です。ダブルクランプ式は保持力が高いといわれていますが過信は厳禁です。また、チップを斜めに引き込む機構

上、チップの側面とホルダの側壁面が一致しないと、チップ先端が浮き上がることもあるので加えて注意してください。なお、スローアウェイ式のねじ切りバイトでは、ねじ止め式（スクリューオン式）とクランプオン式の二重クランプのホルダも市販されています、二重拘束のホルダは他の固定ホルダに比べて高価です。

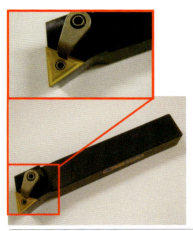

図3.37 クランプオン式&ピンロック式（ねじ止め式）のホルダ

図3.38 クランプオン式&ピンロック式のホルダの仕組み

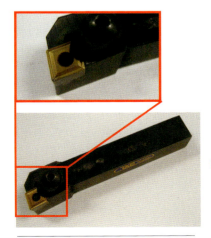

図3.39 ダブルクランプ式のホルダ

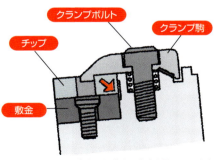

図3.40 ダブルクランプ式のホルダの仕組み

④ねじ止め式（スクリューオン式）

図3.41および図3.42に、ねじ止め式のホルダとその仕組みを示します。ねじ止め式はチップの取り付け穴がテーパ穴になっており、ねじを締めつけることによってチップをホルダの側壁と敷金に押し付けて固定する方法です。表3.2に示すように、ねじ止め式のJISの構造記号は「S」です。ねじ止め式は「スクリューオン式」といわれることもあります。

ねじ止め式は、内径切削や小径バイトなど小さなチップの固定に多用されています。チップの保持力は他の固定方法に比べて弱く、重切削には適しません。また、チップを交換する際には締め付けねじを完全に外さなければならないため作業性が劣り、チップの交換時間も少し長くなります。ねじ止め式は使用期間が長くなると、固定ねじの締結精度が劣化し、保持力やチップ交換時の刃先位置の再現性が悪くなるため、固定ねじは早めに新品と交換するのがよいでしょう。

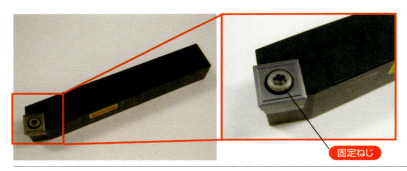

図3.41　ねじ止め式のホルダ

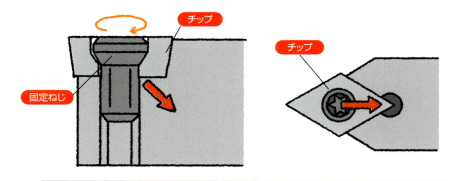

図3.42　ねじ止め式のホルダの仕組み（※矢印は固定力の方向を示しています）

⑤ウェッジロック式

図3.43にウェッジロック式のホルダ、図3.44にその仕組みを示します。図に示すように、ウェッジロック式は「ウェッジ」と呼ばれるくさび効果をもつ押さえ駒を使って、チップの下面を敷金に押しつけると同時に、チップの取り付け穴をホルダのピンに押しつけて固定する方法です。表3.2に示すように、ウェッジロック式のJISの構造記号は「W」です。

図に示すように、ウェッジロック式の利点は三角チップを固定する場合、ホルダの1面の側壁で固定できることです。たとえば、図3.45に示すように、ピンロック式ホルダで三角形チップを固定する場合、チップはホルダの2面の側壁に押し当てて固定することになり、外径切削を例に考えると、前切れ刃側（副切れ刃側）にもホルダ（側壁）が必要な構造になります。このため、レバーロック式ホルダの場合、入り組んだ細かい箇所の加工や倣い加工などではホルダが工作物に干渉する不都合が生じ

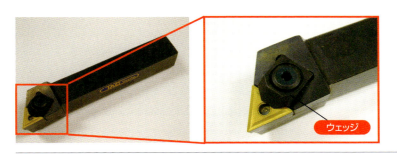

図3.43 ウェッジロック式のホルダ

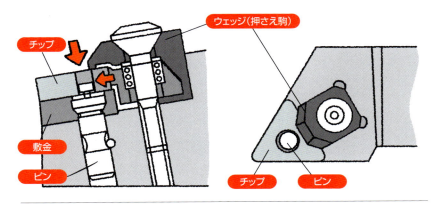

図3.44 ウェッジロック式のホルダの仕組み（※矢印は固定力の方向を示しています）

ます。しかし、ウェッジロック式はウェッジによってチップの取り付け穴をホルダのピンに押し当てて固定する仕組みであるため、前切れ刃側（副切れ刃側）にホルダ（側壁）が不要で、チップがホルダから付き出たような形状になり、入り組んだ細かい箇所の加工や倣い加工などでホルダが工作物に干渉する不都合が生じません。ただし、ウェッジロック式はチップの取り付け穴をホルダのピンに押しつける仕組みなので、チップ交換時の刃先位置の再現精度は低いです。

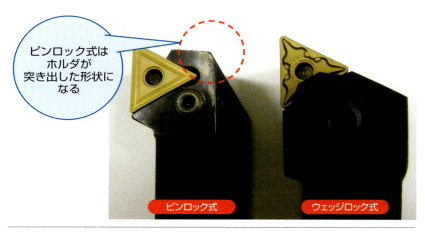

図3.45　ホルダが工作物に干渉する様子（ピンロック式ホルダに三角形チップを固定した場合）

チップを固定するためのいろいろな部品

　下図に、チップを固定するためにホルダに取り付ける部品を示します。図に示すように、チップをホルダに保持するためにはいろいろな部品が必要で、いずれの部品も使用期間が長くなると消耗するため、適当な期間で交換が必要です。

チップ　　ウェッジ　固定ねじ　　敷板　敷板固定　スプリング　レンチ
　　　　　　　　　　　　　　　　　　　ねじ

⑥ カムロック式

図3.46および図3.47に、カムロック式のホルダとその仕組みを示します。カムロック式はピンの偏心機構を利用してチップをホルダの側壁に押しつけて固定する方法です。カムロック式は本書で解説した他の固定方法に比べて、部品点数が少なく安価ですが、拘束力が弱いのが欠点です。また、チップ交換時の刃先位置の再現精度が劣ります。カムロック式はJISに規定されていませんが、固定の仕組みはピンロック式と同じなので、ピンロック式の一種といえます。

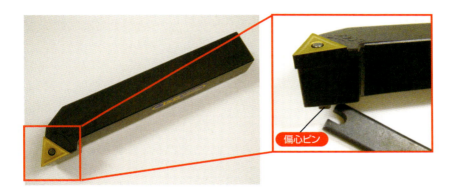

図3.46　カムロック式のホルダ

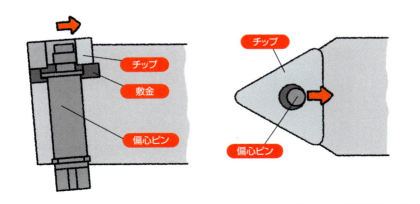

図3.47　カムロック式のホルダの仕組み（※矢印は固定力の方向を示しています）

3-13 切込み角によるチップとホルダの選択（外径加工の場合）

図3.48に、外径加工の模式図を示します。図に示すように、切込み角は送り方向と主切れ刃で構成される角度で、切削抵抗の向き、切りくず厚さ、工具寿命などに影響する重要な角度です。切込み角はスローアウェイチップおよびホルダの形状を選択する際の重要な指針で、切込み角によって加工の良し悪しがある程度決まるといっても過言ではありません。

たとえば、図3.49に示すように、段付き部の側面（または端面）を工作物の中心から外周方向にバイトを動かして削る際（引き切りを行う際）、(a)に示すように、切込み角が5°以下になるようなチップとホルダの組み合わせでは、切込み角が小さいため、切りくずが主切れ刃と段付き部の側面（削る面）の間に詰まりやすく、良好な切削ができません。また、切込み角が小さすぎる場合にはチップブレーカが機能せず、切りくずが長く繋がり、一層切りくずが詰まりやすくなります。したがって、段付き部の側面（または端面）を工作物の中心から外周方向にバイトを動かして削る際（引き切りを行う際）は、(b)に示すように、切込み角が5°以上になるように、チップとホルダの組み合わせを選択すれば、適正に切りくず処理が行え、良好な切削を行うことができるといえます。

段付き部の側面（または端面）以外の切削でも、切込み角が小さい場合には、切りくずが詰まりやすいので注意が必要です。

一方、図3.50に示すように、段付き部の側面（または端面）を工作物の外周から中心方向にバイトを動かして削る際（押し切りを行う際）、(a)に示すように、切込み角がおおむね100°以上に大きすぎると、くさび作用によって、切削中にチップの先端が工作物に食い込み、チップが欠けます（大事故に繋がることもあります）。したがって、段付き部の側面（または端面）を工作物の外周から中心方向にバイトを動かして削る際（押し切りを行う際）は、(b)に示すように、切込み角がおおむね100°未満になるように、チップとホルダの組み合わせを選択することが大切です。

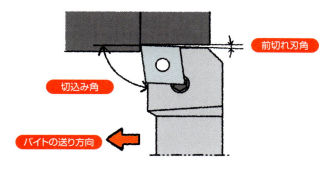

図3.48　外径切削の模式図（切込み角）

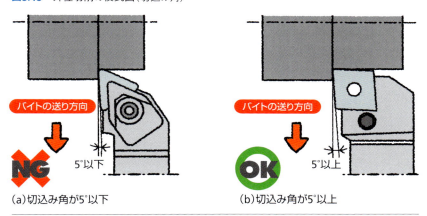

(a)切込み角が5°以下　　　(b)切込み角が5°以上

図3.49　段付き部の側面切削の模式図（引き切り）

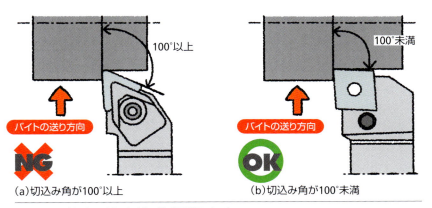

(a)切込み角が100°以上　　　(b)切込み角が100°未満

図3.50　段付き部の側面切削の模式図（押し切り）

③-⑭ 切込み角によるチップとホルダの選択（内径加工の場合）

図**3.51**に、内径加工の様子を模式的に示します。図に示すように、切込み角は送り方向と主切れ刃で構成される角度で、切削抵抗の向き、切りくず厚さ、工具寿命などに影響する重要な角度です。切込み角はスローアウェイチップおよびホルダの形状を選択する際の重要な指針で、切込み角によって加工の良し悪しがある程度決まるといっても過言ではありません。

図**3.52**に、切込み角の違う内径加工の様子を模式的に示します。(a)に示すように、内径加工でもっとも基本的な加工形態であるのが切込み角90°の切削です。切込み角が90°では、切削抵抗が主として送り方向（シャンクの軸方向）に作用し、バイトを仕上げ面から離す方向（シャンクを曲げる方向）にはほとんど作用しないため、びびりの少ない安定した切削を行うことができます。

(b)に示すように、通し穴の内径加工では、4つのコーナが使用できる四角形チップを使用することも可能で、チップの経済性を優先させるときには四角形チップを選択するのが有効です。ただし、(b)からわかるように、切込み角が90°より小さくなります。切込み角が90°より小さくなると、切削抵抗が送り方向（シャンクの軸方向）とバイトを仕上げ面から離す方向（シャンクを曲げる方向）の両方に同程度に作用するため、バイトがたわみやすく、びびりが生じやすいので注意が必要です。

(c)に示すように、内径加工と穴の底面加工（底面は工作物の中心から外周に向かってバイトを動かして削る加工）の両方を行う場合には、内径、底面の両方の仕上げ面に対して、切込み角が95°程度になるひし形や六角形チップとホルダの組み合わせ使用するのがよいでしょう。

(d)に示すように、内径加工と穴の底面加工（底面は工作物の外周から中心に向かってバイトを動かして削る加工）の両方を行う場合には、内径加工に対しては切込み角が100°程度と大きく、底面加工に対しては切込み角が約20°になるような刃先角が55°や35°のひし形チップとホルダの組み合わせを使用するのがよいでしょう。なお、この角度の組み合わせは倣い加工のときも有効です。

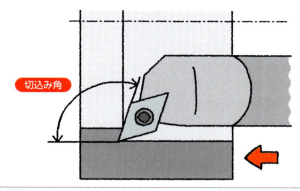

図3.51 内径切削の模式図（切込み角）

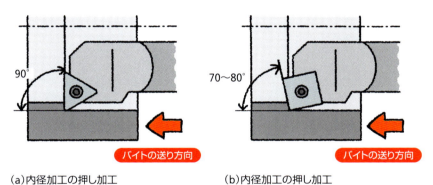

(a) 内径加工の押し加工　　　　　(b) 内径加工の押し加工

(c) 内径加工と側面加工（中心から外周へ）　　(d) 内径加工と側面加工（外周から中心へ）

図3.52 内径加工の模式図（切込み角）

最後に、内径加工の引き加工（バックボーリング）について紹介します。図3.53に、内径加工の引き加工を模式的に示します。通常、旋盤で行う内径加工は工作物の端面側からチャック側に向かってバイトを移動させる「突き加工」によって行います。しかし、図に示すように、工作物の端面側の穴径が小さく、工作物の端面側からは内径加工できない場合、あらかじめ内径切削用バイトを穴の中に通し、チャック側から端面側に向かってバイトを移動させ、「引き加工」によって穴の内径を削ることもできます。このように引き加工によって穴の内径を削る方法を一般に「バックボーリング」といいます。図に示すように、バックボーリングを行う際も切込み角がおおむね95°や、100°以上になるようなチップとホルダの組み合わせを選択するとよいでしょう。

一般に、工作物の端面側の穴径が小さく、内径が加工できない場合には、工作物をつかみなおして（トンボして）、加工を行わなければいけませんが、一度、工作物をチャックから外すと同心度が微小にずれる心配があります。しかし、バックボーリングは工作物をつかみなおさず、穴の内径を仕上げることができるため、穴の同心度がずれる心配がありません。これは、外径と内径の同心度が必要な場合も同じです。工作物をつかみなおさず加工することで、加工箇所の同心度を高め、脱着による作業時間もかかります。ワンチャッキングで加工することは加工精度向上と加工時間短縮に有効です。

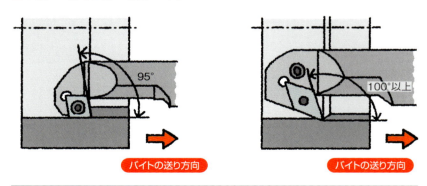

図3.53　内径切削の引き加工（バックボーリング）

ここがポイント！

1.切削抵抗は剛性の高い方向へ向ける!

　旋盤加工をはじめフライス加工、マシニングセンタ加工でも共通しますが、切削抵抗が作用する方向を剛性の高い方向へ向ける工夫が大切です。剛性が高い方向とは、旋盤加工ではバイトの軸方向(Zプラス方向)、フライス加工、マシニングセンタ加工では主軸の方向(Zマイナス方向)です。

　バイトや主軸は曲げる方向(軸方向と垂直方向)に作用する力には弱いですが、軸方向に作用する力には強いので、切削抵抗を剛性の高い方向へ向けて加工すると、バイトや主軸のたわみを抑制でき、加工精度の高い切削を行うことができます。ジュースの缶も外径方向の力には弱いですが、軸方向の力には強いです。

2.倣い加工は切込み角の予測が大切!

　外径加工や内径加工では、切込み角は一定のため予測できますが、倣い加工では、加工箇所(ツールパス)によって切込み角が変化するため、切削する箇所ごとに切込み角を予測することが必要です。つまり、切込み角をあらかじめ予測し、適正な角度で切削できるようチップとホルダを選択することが大切です。

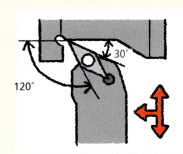

③-⑮ 加工硬化しやすい材料の削り方

　材料に力が加わると材料を構成する結晶が動くことによって、材料が硬くなる現象を「加工硬化」といいます。加工硬化はほとんどの金属材料で生じる現象で、とくにステンレス鋼やインコネル、ハステロイなどは加工硬化しやすく、切削後の表面は切削前の表面に比べて硬くなります。

　旋盤加工は工作物の表面を繰り返し切削するため、加工硬化しやすい材料では、硬くなった表層を何度も削ることになり、チップへの負担が大きく、工具寿命が短くなります。このため、できるだけ加工硬化しないように切削することがポイントで、そのためには切削速度を低くして削ることが有効です。バイトの送り量や切込み深さを小さくすると、チップへの負荷が低減され、工具寿命が延びるように思われますが、硬くなった表層のみを削ることになるため、想定とは逆に、工具寿命は著しく悪くなってしまいます。言い換えれば、一定以上にバイトの送り量と切込み深さを大きくすることにより、加工硬化していない部分を削ることができるため、工具寿命は延命します。一般に、ステンレス鋼の切削では、表面から0.2mm程度の深さまで加工硬化するので、切込み深さを0.5mm以上、バイトの送り量を0.2mm/rev以上に設定すると工具寿命を延命させることができるでしょう。

　このように、加工硬化しやすい材料を削る際は、加工硬化が進んでいない部分（硬くなっていない部分）までチップを食い込ませて削るイメージが大切で、このイメージに基づいてバイトの送り量と切込み深さを考えると、工具寿命を延命するヒントを見つけることができます。

　また、加工硬化しやすい材料では、工作物の表面（もっとも硬くなった部分）と接触する部分の切れ刃が著しく摩耗（境界摩耗）することが問題ですが、これは同じ切込み深さで切削を繰り返し、工作物の表面と接触する切れ刃の位置が変わらないためです。そこで、図3.54および図3.55に示すように、1回の切削ごとに切込み深さを変えて切削する方法や1回の切削で切込み深さを変動させるテーパ加工が有効です。これらの切削では切れ刃の同じ部分が工作物の表面と接触せず、切れ刃への負担が分散されるため、境界摩耗を抑制することができます。

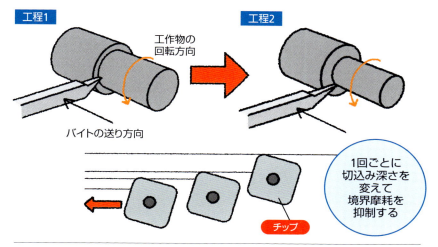

図3.54 切込み深さを変えて切削する方法

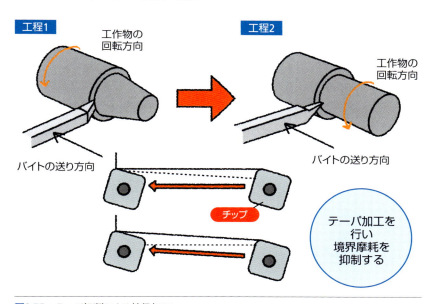

図3.55 テーパ切削による外径加工

　1パスごとに切込み深さを変えて、切れ刃の異なる箇所を使うことにより、境界摩耗を抑制することができます！

3-16 バイトとチップの勝手

　図3.56に、右勝手と左勝手の外径切削用バイトを示します。図3.57に、バイトの勝手の見分け方を示します。(a)に示すように、すくい面を上にしてチップを刃先方向から見たとき、切れ刃が左側にくるのが「左勝手のバイト」です。(c)に示すように、すくい面を上にしてチップを刃先方向から見たとき、切れ刃が右側にくるのが「右勝手のバイト」です。手動で操作を行う汎用旋盤では右勝手のバイトが多く使用されますが、NC旋盤では主軸を逆回転し、左勝手のバイトが多く使用されます。また、(b)に示すように、すくい面を上にしてチップを刃先方向から見たとき、切れ刃が左右両方にあるバイトを「勝手なしのバイト」といいます。

　スローアウェイチップにも勝手があります。図3.58に、スローアウェイチップの勝手の見分けかたを示します。図に示すように、すくい面を上に、コーナを手前にしてチップを見たとき、切れ刃が右側にあるチップが「右勝手のチップ」です。同様に、すくい面を上に、コーナを手前にしてチップを見たとき、切れ刃が左側にあるチップが「左勝手のチップ」です。そして、すくい面を上に、コーナを手前にしてチップを見たとき、切れ刃が両方にあるチップが「勝手なしのチップ」です。

1.内径切削用バイトと勝手の注意点！

　外径切削と内径切削ではホルダとチップの勝手の組み合わせが違います。購入時や使用時にはチップの主切れ刃（主として工作物を削り取る刃）が左右どちらに向かなければいけないのか考えることが大切です。

2.ホルダとチップの勝手の組み合わせが大切

　ホルダとチップには勝手があります。削る形状や方向によって、ホルダとチップの勝手の組み合わせが大切です！

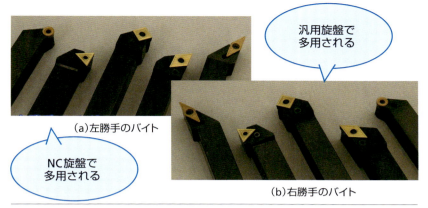

図3.56　右勝手と左勝手の外径切削用バイト

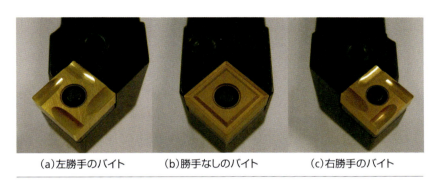

図3.57　右勝手、左勝手、勝手なしのバイトの見分け方

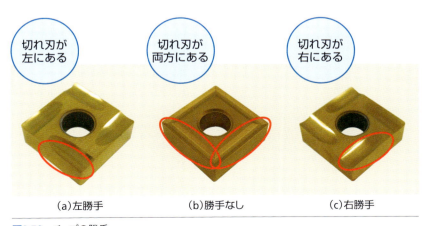

図3.58　チップの勝手

図3.59および図3.60に、外径加工と内径加工の様子を示します。図に示すように、外径加工では、「右勝手のホルダに右勝手のチップ」を取り付けて使用しますが、内径加工では、「右勝手のホルダに左勝手のチップ」を取り付けて使用します。これは図からわかるように、内径加工ではすくい面を上に、コーナを手前にしてチップを見たとき、切れ刃が左を向かないと穴の内径を削ることができないためです。このように内径加工では、ホルダの勝手とチップの勝手が異なるため、購入時にはとくに気をつけなければいけません。内径加工以外でも端面加工などでは、ホルダの勝手とチップの勝手が異なる組み合わせを使用すると加工上都合のよい場合もあります。加工箇所や用途に合わせて、ホルダとチップの勝手の組み合わせを考えることが大切です。

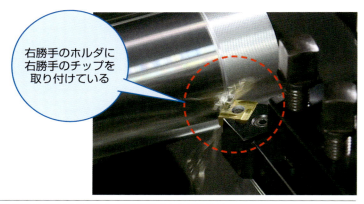

図3.59　外径加工の様子（ホルダとチップの組み合わせに注目！）

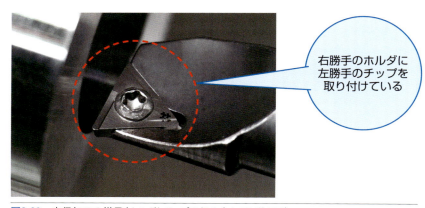

図3.60　内径加工の様子（ホルダとチップの組み合わせに注目！）

第4章 チップの呼び記号（形状を表す記号）

4-1 呼び記号とは？

　図4.1に、スローアウェイチップとチップケースを示します。スローアウェイチップにはいろいろな形状や大きさのものがあり、コーナ半径や厚みなど仕様もさまざまです。日本産業規格JISではスローアウェイチップの仕様を記号によって分類しています。この記号を「呼び記号」といい、呼び記号はアルファベットと数字の組み合わせで表されます。呼び記号はJIS B 4120で規定されています。

　図4.2に、スローアウェイチップのチップケースを拡大して示します。図から、チップケースのラベルには10桁程度のアルファベットと数字が記載されていることがわかります。これが「呼び記号」で、チップの情報を表しています。つまり、呼び記号を確認することによって、チップの情報を知ることができます。なお、図からわかるように、チップケースには呼び記号以外の記号（アルファベットと数字の組み合わせ）が記載されていることがありますが、これは切削工具メーカ独自の記号で、チップの材種やコーティング膜種を表していることが多いです。

チップをホルダに取り付ける際の注意点

　チップをホルダに取り付ける際には、洗浄剤や圧縮エアを使用し、小さな切りくずや塵がチップとホルダ（敷金）の間に入り込まないよう気をつけることが大切です。また、ホルダの側壁や敷金にキズや打痕など凹凸があると、チップはホルダと密着せず、安定して固定されません。このような場合は、ホルダの側壁はヤスリで磨いたり、敷金は新しいものと交換することが必要です。とくに老朽により敷金の先端部が摩耗しているものは適正に主分力に耐えられないため、新品への交換が必須です。

図4.1 スローアウェイチップとチップケース

図4.2 チップケースのラベルに印刷された呼び記号

ホルダの敷金の役割

　ホルダの敷金には「切削抵抗の主分力を受け止める働き」と「チップに溜まる切削熱をホルダに伝達する働き」の2つの働きがあります。したがって、チップと敷金の間に小さな切りくずやゴミが介入し、空気層が生じないよう、チップと敷金はしっかり密着していることが大切です。チップと敷金の間に空気層が生じると、切削抵抗を適正に受け止められず、また、空気は熱を伝えにくいため、チップに熱が溜まり、工具寿命が短くなります。

①形状を表す記号（1桁目の記号）

図4.3に、チップケースのラベルに記載されている呼び記号とチップを示します。呼び記号の1桁目のアルファベットは「チップの形状」を表しています。表4.1に、JISに規定されている形状記号を示します。表に示すように、チップの形状を表す記号は16種類あります。本図の例では1桁目のアルファベットは「S」ですから、表と図からわかるように、チップの形状は「刃先角90°の正方形」になります。

なお、刃先角は工作物を削るために使用するコーナを挟む角度で、表の下部に記載されている注意書きのとおり、図形の小さい方の角度です。

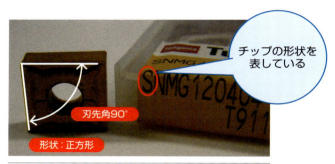

図4.3　1桁目のアルファベットは「チップの形状」を表している

チップがずれない保持機構

下図に、スローアウェイチップおよびホルダに溝または突起がついた固定の仕組みを示します。チップおよびホルダに溝または突起をつけることにより、切削抵抗によるチップのずれ（微小な動き）を抑制し、安定した加工ができます。加工精度を向上させるためには、チップを強固に固定する仕組みが必要です。

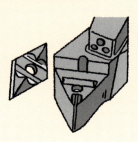

表4.1 チップの形状を表す記号（JIS B 4120）

種類		記号	形状	刃先角度	図形
等辺	正三角形	H	正六角形	120°	
		O	正八角形	135°	
		P	正五角形	108°	
		S	正方形	90°	
		T	正三角形	60°	
	ひし形および等辺不等角形	C	ひし形	80° a)	
		D		55° a)	
		E		75° a)	
		M		86° a)	
		V		35° a)	
		W	六角形	80° a)	
不等辺	長方形	L	長方形	90°	
	平行四辺形	A	平行四辺形	85° a)	
		B		82° a)	
		K		55° a)	
円形		R	円形	—	

a）刃先角は図形の小さい方の角度

②逃げ角を表す記号（2桁目の記号）

図4.4に、チップケースのラベルに記載されている呼び記号とチップを示します。呼び記号の2桁目のアルファベットは「主切れ刃に対する逃げ角」を表しています。主切れ刃とは②-①で解説したように、送り方向と直角方向に位置する切れ刃で、主として工作物を削り取る刃です（図4.5参照）。

表4.2に、JISに規定されている逃げ角記号を示します。表に示すように、逃げ角を表す記号は10種類あります。本図の例では2桁目のアルファベットは「N」ですから、表と図からわかるように、主切れ刃に対する逃げ角は「0°」になります。

なお、図4.6に示すように、逃げ角は逃げ面がすくい面に対して内側に傾くときを＋（プラス）の角度で表し、逃げ面がすくい面に対して外側に傾くときを－（マイナス）の角度で表します。一般に、プラスの角度をポジティブ、マイナスの角度をネガティブと表現します。

図4.4　2桁目のアルファベットは「主切れ刃に対する逃げ角」を表している

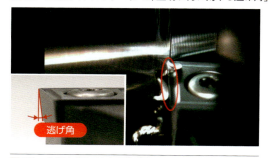

図4.5　主切れ刃に対する逃げ角

表4.2 形状記号（JIS B 4120）

記号	逃げ角[a]
A	3°
B	5°
C	7°
D	15°
E	20°
F	25°
G	30°
N	0°
P	11°
O	その他の逃げ角

a) 逃げ角は主切れ刃に対する逃げ角

記号Nは逃げ角0°

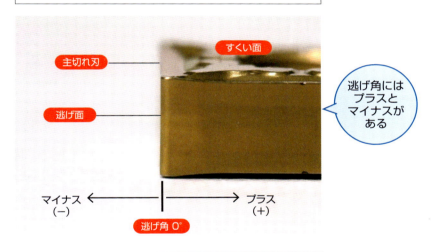

図4.6 逃げ角のプラス（ポジティブ）とマイナス（ネガティブ）

切削抵抗を相殺する考え方

切削抵抗によってバイトがたわみ、びびりが生じ、加工精度が低下します。このため、切削抵抗を小さくする対策が行われますが、切削抵抗に向き合う力を作用させて、切削抵抗を相殺することも可能です。チップの形状にヒントがありそうです。

③等級を表す記号（3桁目の記号）

図4.7に、チップケースのラベルに記載されている呼び記号とチップを示します。呼び記号の3桁目のアルファベットは「チップの等級」を表しています。等級とは②-③で解説したように、チップ精度のことで、図4.8に示すように、JISでは3カ所の寸法許容差（寸法公差）の大小によって等級を分類しています。なお、図からわかるように、コーナの数が偶数のチップと奇数のチップでは「m」の示す寸法の場所が異なります。

表4.3に、JISに規定されている等級記号を示します。表に示すように、チップの等級を表す記号は12種類あります。本図の例では「M」ですから、表から、内接円の直径dの許容差が±0.05～±0.15mm、内接円からコーナまでの高さmの許容差が±0.08～±0.2mm、そして厚さsの許容差が±0.13mmであることがわかります。

なお、多く流通しているのはM、G、Eで、この3つの中では、Eが最も等級（精度）が高く、Mがもっとも等級（精度）が低いです（表を確認してください）。一般に、等級はアルファベットのあとに「級」を付けて呼称されます。つまり、M級、G級、E級と表現します。

図4.7　3桁目のアルファベットは「チップの等級（精度）」を表している

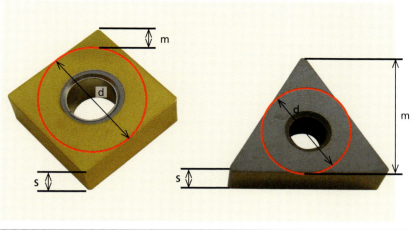

図4.8 寸法許容差の規定箇所

表4.3 等級記号(JIS B 4120)

等級記号(級)	dの許容差	mの許容差	sの許容差
A	±0.025	±0.005	±0.025
F	±0.013	±0.005	±0.025
C	±0.025	±0.013	±0.025
H	±0.013	±0.013	±0.025
E	±0.025	±0.025	±0.025
G	±0.025	±0.025	±0.13
J	±0.05〜±0.15	±0.005	±0.025
K	±0.05〜±0.15	±0.013	±0.025
L	±0.05〜±0.15	±0.025	±0.025
M	±0.05〜±0.15	±0.08〜±0.2	±0.13
N	±0.05〜±0.15	±0.08〜±0.2	±0.025
U	±0.08〜0.25	±0.13〜±0.38	±0.13

一般に流通しているのはM級、G級、E級

等級(精度) 高→低

④取り付け穴の有無、取り付け穴の形状、チップブレーカの有無を表す記号（4桁目の記号）

図4.9に、チップケースのラベルに記載されている呼び記号とチップを示します。呼び記号の4桁目のアルファベットは「取り付け穴の有無、取り付け穴の形状、チップブレーカの有無」を表し、「溝・穴記号」といいます。

表4.4に、JISに規定されている溝・穴記号を示します。表に示すように、溝・穴記号は15種類あり、本図の例では「G」ですから、図および表のGの欄の両方を確認してみると、取り付け穴は「あり」、取り付け穴の形状は「（テーパのない）円筒穴」、チップブレーカは「両面」にあることがわかります。なお表中、穴の形状を示す個所に「片面40～60°、片面70～90°、両面70～90°」などの記載がありますが、この角度は「テーパの角度」を表しています。取り付け穴のテーパはチップを斜めに押し付ける働きをします。つまり、チップを敷金だけに押しつけるのではなく、ホルダの側壁にも押しつける力が作用するため、安定した固定力を得ることができます。また、取り付け穴がテーパ付きの場合、表では「一部円筒穴」と表記されています。これは、テーパ部分が円筒ではなく、テーパ以外の部分（チップの厚み方向の中央付近）のみ円筒穴になるためです。

図4.9　4桁目のアルファベットは「溝・穴記号」を表している

表4.4 溝・穴記号（JIS B 4120）

記号	取り付け穴の有無	取り付け穴の形状	チップブレーカ	形状
N	なし	—	なし	
R			片面	
F			両面	
A	あり	円筒穴	なし	
M			片面	
G			両面	
W	あり	一部円筒穴 片面40°〜60°	なし	
T			片面	
Q		一部円筒穴 両面40°〜60°	なし	
U			両面	
B		一部円筒穴 片面70〜90°	なし	
H			片面	
C		一部円筒穴 両面70〜90°	なし	
J			両面	
X[a]	—	—	—	—

a) 不等辺のチップは常にXを使用する。
ただし、表1に規定しない形状のチップには使用してはならない

⑤切れ刃の長さと内接円を表す記号（5桁目と6桁目の数字）

図4.10に、チップケースのラベルに記載されている呼び記号とチップを示します。呼び記号の5桁目と6桁目は「切れ刃の長さと内接円の直径」を表す数字で、「チップの大きさ」を表しています。

表4.5に、JISに規定されている「切れ刃の長さと内接円の直径」を表す数字を要約したものを示します。表は「切れ刃の長さを表す2桁の数字（背景が濃い灰色の部分）」と「内接円の直径を表す数値（背景が薄い灰色の部分）」に分けて見ます。「切れ刃の長さを表す2桁の数字」は実際の切れ刃の長さの小数点以下を切り捨てた「数値」を示し、「内接円の直径を示す数字」は実際の内接円の直径値をそのまま示しています。したがって、「切れ刃の長さを表す2桁の数字」には小数点がない整数値で、「内接円の直径を示す数字」には小数点以下の数値まで記載されています。

さて、はじめに、「切れ刃の長さ」から確認してみましょう。図4.11に示すように、チップの切れ刃の長さをデジタルノギスで測定してみると、切れ刃の長さは12.70mmであることがわかります。つまり、小数点以下を切り捨てた数値は「12」になります。この「12」が呼び記号の5桁目と6桁目の数字になります。言い換えれば、呼び記号の5桁目と6桁目の数字を見ることによって、「切れ刃の長さの製数値（小数点を切り捨てた値）」が知ることができるということです。

次に、表中、チップ形状を表す「S」と「12」が交差する欄の「内接円の直径」を確認すると、「12.7mm」であることがわかります。図4.12に示すように、チップの内接円の直径をデジタルノギスで測定してみると、内接円の直径は12.70mmであることがわかります。つまり、表に示さ

図4.10　5桁目、6桁目の数字は「チップの大きさ」を表している

れた値と実際の内接円の直径が同じであることが確認できます。この例では、チップの形状が正方形（S）なので、「切れ刃の長さ」と「内接円の直径」は同じ寸法になりましたが、形状が正方形以外のチップでは「切れ刃の長さ」と「内接円の直径」は異なった値になります。このように、表4.5を確認することにより、「形状記号（1桁目の記号）」と「5桁目、6桁目の数字（切れ刃の長さ）」から、チップの「内接円の直径」を知ることができます。「切れ刃の長さと内接円の直径」は「チップの大きさ」に相当するので、呼び記号の5桁目と6桁目の数字は「チップの大きさ」を表していることになります。

表4.5　切れ刃の長さと内接円を表す記号（JIS B 4120）

チップの形状記号 内接円の 直径（mm）	H	O	P	S	T	C	D	E	M	V	W	R
3.97	—	—	—	03	06	—	04	—	—	06	02	—
4.76	—	—	—	04	08	04	05	04	04	08	1.3	—
5.56	—	—	—	05	09	05	06	05	05	09	03	
6	—	—	—	—	—	—	—	—	—	—	—	06
6.35	03	02	04	06	11	06	07	06	06	11	04	06
7.94	04	03	05	07	13	08	09	08	07	13	05	07
8	—	—	—	—	—	—	—	—	—	—	—	08
9.525	05	04	07	09	16	09	11	09	09	16	06	09
10	—	—	—	—	—	—	—	—	—	—	—	10
12	—	—	—	—	—	—	—	—	—	—	—	12
12.7	07	05	09	12	22	12	15	13	12	22	08	12
15.875	09	06	11	15	27	16	19	16	15	27	10	15
16	—	—	—	—	—	—	—	—	—	—	—	16
19.05	11	07	13	19	33	19	23	19	19	33	13	19
20	—	—	—	—	—	—	—	—	—	—	—	20
25	—	—	—	—	—	—	—	—	—	—	—	25
25.4	14	10	18	25	44	25	31	26	25	44	17	25
31.75	18	13	23	31	54	32	38	32	31	54	21	31
32	—	—	—	—	—	—	—	—	—	—	—	32

図4.11 切れ刃の長さを測定する

図4.12 内接円の直径を測定する

 締結剛性は加工精度、工具寿命に影響する

　　スローアウェイ式工具はチップの拘束力が弱い場合、切削中、切削抵抗によりチップが微小に動き、加工精度が悪くなります。チップとホルダの締結剛性は重要なポイントです。

⑥チップの厚さを表す記号（7桁目と8桁目の数字）

図4.13に、チップケースのラベルに記載されている呼び記号とチップを示します。呼び記号の7桁目と8桁目の数字は「チップの厚さ」を表しています。

表4.6に、JISに規定されている厚さ記号を示します。表に示すように、チップの厚さを表す記号は11種類あり、本図の例では「04」ですから、表からチップの厚さは「4.76mm」であることがわかります。このように、7桁目と8桁目の数字から「チップの厚さ」を知ることができます。

図4.13　7桁目と8桁目の数字は「チップの厚さ」を表している

表4.6　厚さ記号（JIS B 4120）

単位：mm

厚さ記号	チップの厚さ　S
01	1.59
T1	1.98
02	2.38
03	3.18
T3	3.97
04	4.76
05	5.56
06	6.35
07	7.94
09	9.52
12	12.7

⑦コーナ半径を表す記号（9桁目と10桁目の数字）

図4.14に、チップケースのラベルに記載されている呼び記号とチップを示します。呼び記号の9桁目と10桁目の数字は「コーナ半径の大きさ」を表しています。

表4.7に、JISに規定されているコーナ半径記号を要約して示します。表に示すように、コーナ半径を表す記号は10種類あり、本図の例では「04」ですから、表からコーナ半径の大きさは「0.397mm」、四捨五入すると、約0.4mmであることがわかります。つまり、呼び記号の9桁目と10桁目の間に小数点を入れた値が「コーナ半径の大きさ（近似値）」になります。コーナ半径は切削条件を設定する際の重要な情報ですから、呼び記号の9桁目と10桁目から「コーナ半径の大きさ（近似値）」を知ることができることを覚えておきましょう。

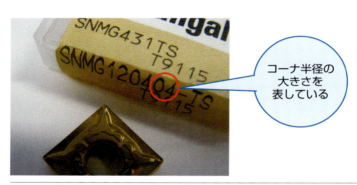

図4.14 9桁目と10桁目の数字は「チップのコーナ半径の大きさ」を表している

表4.7 コーナ半径記号（JIS B 4120）

単位：mm

コーナ半径記号	コーナ半径の大きさ
00	0
01	0.1
02	0.203
04	0.397
08	0.794
12	1.191
16	1.588
20	1.984
24	2.381
32	3.175
コーナが丸くない場合00とする	

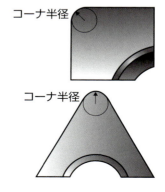

⑧切れ刃の形状を表す記号（11桁目の記号）

図4.15に、チップケースのラベルに記載されている呼び記号を示します。図からわかるように、本図のチップケースのラベルに記載されている呼び記号は10桁目で終了しており、11桁目は記載されていません。JISでは10桁目までを「必須記号」として必ず記載しなければいけないと規定し、11桁目以降は「任意記号」として記載するか否かは切削工具メーカに一任しています。このため、本図のようにチップケースのラベルに記載されている呼び記号には11桁目以降は記載されていないことがありますが、カタログを確認すると11桁目以降を知ることができます。

図4.15　呼び記号とチップ

日本製や欧米製に匹敵するアジア製チップ

　韓国や台湾、中国などのアジア製スローアウェイチップの品質は日本製や欧州製に匹敵しています。その上、価格は半額程度です。チップの安定な品質が必要とされる量産加工への使用や在庫切れ、納期、アフターサービスなどは多少不安がありますが、試用してみるのもよいかもしれません。国内製チップとの競争が一層激しくなると思われます。

図4.16に、呼び記号の例を示します。呼び記号の11桁目のアルファベットは「主切れ刃の形状」を示しています。

表4.8に、JISに規定されている主切れ刃の形状を表す記号と、その形状を模式的に示します。表に示すように、主切れ刃の形状を表す記号は6種類あり、本図の例では「F」ですから、表から「シャープ切れ刃」であることがわかります。図4.17に、代表的な切れ刃の種類を示します。図から、シャープ切れ刃は切れ刃の形状が鋭く尖っていることがわかります。

一般に流通しているのは、Fのシャープ切れ刃、Eの丸切れ刃、Tの角度切れ刃の3種類で、S、K、Pはあまり流通していません。Eの丸切れ刃とTの角度切れ刃のように、切れ刃に丸みや面取りを施すことにより、切れ刃の強度が向上し、欠けにくくなります。

「丸切れ刃は丸形ホーニング刃」、「角度切れ刃は面取り形ホーニング刃」、「シャープ切れ刃はホーニング刃なしの刃」に相当します。ホーニング刃に関しては②-⑧で解説していますので参照してください。

図4.16　11桁目の記号は「主切れ刃の形状(ホーニング刃の種類)」を表している

サーメットの主成分はチタン

　サーメットの主成分はチタンで、超硬合金の主成分はタングステンです。チタンの密度は約4.5g/cm^{3}で、タングステンの密度は19.3g/cm^{3}です。つまり、サーメットは超硬合金に比べて軽いです。また、タングステンはレアメタル(希少金属)で価格が高騰していますが、チタンは地球上9番目に多い金属で、価格も安定しています。サーメットが超硬合金に置換する時代が来るかもしれません。

表4.8　主切れ刃の状態記号（JIS B 4120）

記号	主切れ刃の状態	形状
F	シャープ切れ刃	
E	丸切れ刃	
T	角度切れ刃	
S	複合切れ刃	
K	二段角度切れ刃	
P	二段複合切れ刃	

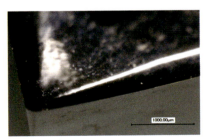

F：シャープ切れ刃

T：角度切れ刃

E：丸切れ刃

切れ刃の形状はホーニング刃に相当する

図4.17　代表的な切れ刃の種類

⑨勝手を示す記号

　図4.18に、チップケースのラベルに記載されている呼び記号とチップを示します。呼び記号の12桁目のアルファベットは「勝手」を表しています。ただし、本図では11桁目の「切れ刃記号」が省略されているので、本来12桁目の勝手を表す記号が11桁目になっています。131頁⑧「切れ刃記号」で解説したように、JISでは呼び記号の11桁目以降は任意記号と規定しているので、省略され、記載されていないこともあります。この点は間違えないようにしてください。

　図4.19に、JISに規定されている勝手記号をわかりやすく示します。図に示すように、勝手を表す記号は3種類あり、Rが右勝手、Nが勝手なし、Lが左勝手になります。本図の例では「R」ですから、右勝手のチップということです。チップの勝手に関しては③-⑯で解説していますので参照してください。

図4.18　12桁目の記号は「勝手」を表している

図4.19　チップの勝手記号

⑩補足記号（工具メーカ独自の記号、チップブレーカの形状）

図4.20に、チップケースに記載されている呼び記号とチップを示します。呼び記号の13桁目以降の記号は「補足記号」といわれ、切削工具メーカが自由に記載する記号です。補足記号は通常「チップブレーカの形状」を表しています。ただし、JISでは11桁目以降を「任意記号」としているので、必ず記載されているとは限りません。また、11桁目、12桁目の片方または両方を省略していることもあり、必ず13桁目というわけではないので、この点は注意が必要です。

本図ではハイフン（−）以降に記載されている「P」が補足記号に相当します。つまり、本図の切削工具メーカでは、図に示すような溝形ブレーカを「P」という記号で分類しているということになります。チップブレーカの形状や記号は切削工具メーカ独自のもので、共通化されていません。チップブレーカの形状と記号はカタログを確認する必要があります。

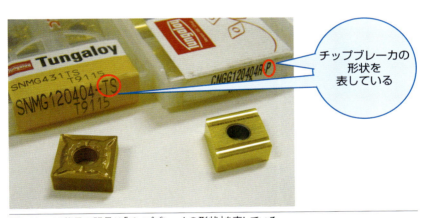

図4.20　13桁目の記号は「チップブレーカの形状」を表している

使用後のチップは買い取り可能！

使用後のチップは買い取りが可能です。とくにタングステンの価格は上昇しているので超硬合金は高額です。分別して一定量貯まったら、産業廃棄物リサイクル業者などに買い取ってもらうよう交渉するのがよいでしょう。

1.荒加工のツールパスが稼ぐノウハウ

　機械加工のポイントは図面に指示された形状を早く、正確に、安全につくることです。近年では、NC工作機械が主流になっているため、図面の形状に倣って削る仕上げ加工のツールパスは誰がつくっても同じですが、鉄の塊から仕上げ加工にいたるまでの荒加工のツールパスはプログラムをつくる人のセンスによって異なります(CAMを使う場合もプログラムをつくる人によってツールパスは異なります)。つまり、登山に例えるとすると、目指す山頂は同じですが、山頂を目指す登山道の数はいくつもあるということです。

　登山では景色を楽しむなどの理由で、遠回りすることも考えられますが、機械加工では遠回りすれば加工時間が長くなり、人件費や電気代など経費が高くなるため、遠回りという考え方は成り立ちません。すなわち、機械加工は荒加工のツールパスをいかに工夫して早く仕上げ加工形状をつくるかが稼ぐノウハウといえます。

2.コーティング膜の表面性状

　下図に、A社とB社のコーティング膜表面をマイクロスコープで観察したものを示します。

　図に示すように、B社はコーティング膜に微小な穴が点在していることがわかります。コーティング膜の表面は仕上げ面の生成や切りくずの流出など切削性能に直接影響しますので、コーティング膜が丁寧に製膜されているか否かもユーザ側で確認する必要があります。

A社のコーティング

B社のコーティング

3.インデキサブル工具の意味

　JISでは、刃先交換式チップのことを「スローアウェイチップ（使い捨てチップ）」と呼んでいますが、海外では「インデキサブル・インサート（チップ）」または単に「インサート」と呼んでいます。インデキサブルを英語で書くと「index-able」となり、「割り出しできる」という意味になります。また、インサートを英語で書くと「insert」となり、「取り付ける」という意味になります。今後、呼び方を統一される可能性もありますが、日本ではスローアウェイチップが馴染み深いですね。

4.コーティングサーメットの優位性

　コーティングサーメットは耐摩耗性、耐欠損性を向上させるため、TiNやTiCNなどをPVDコーティングしたものが主です。

　近年、サーメットは硬さと粘り強さが超硬合金に匹敵するまでに開発が進んでおり、本来の特徴である耐熱性や耐溶着性も有しています。つまり、切削工具としての理想に近づきつつあります。サーメットを使う場合には、コーティングされていない無垢のものから試用し、欠けや寿命が問題になったときには、コーティングサーメットを試用するのがよいでしょう

5.サーメットは低切込み・高速切削で使用する

　サーメットは熱に強い（急加熱・急冷却のような温度差には弱い）一方で、衝撃には弱いです。切込み深さが小さく、切削速度が高い条件では、摩耗形態が主として熱的要因（拡散摩耗）になるため、熱に強いというサーメットの性能が発揮されます。一方、切込み深さが大きく、切削速度が低い条件では、摩耗形態が主として機械的要因（アブレシブ摩耗）になるため、衝撃に弱いサーメットは適しません。つまり、サーメットを適正に使用するためには、切削速度の高速化がポイントです。

参考文献

・今日からモノ知りシリーズ　トコトンやさしい切削工具の本
・今日からモノ知りシリーズ　トコトンやさしい旋盤の本
・目で見てわかるドリルの選び方・使い方
・目で見てわかるエンドミルの選び方・使い方
・目で見てわかるミニ旋盤の使い方
・基礎をしっかりマスターココからはじめる旋盤加工
・絵とき「旋盤加工」基礎のきそ
・絵とき　続「旋盤加工」基礎のきそ―スキルアップ編―

参考資料

・教育用映像ソフト　「金属切削の基礎」上巻、下巻
・教育用映像ソフト　「旋盤加工《切削条件の考え方》」上巻、下巻
・教育用映像ソフト　「旋盤加工《チップの選び方》」上巻、下巻

……いずれも日刊工業新聞社

索引

英

CBN	29
CVD	32
DLC（ダイヤモンドライクカーボン）	38
DLCコーティング	91
PVD	32
TiAlN（窒化チタンアルミ）	35
TiCN（炭窒化チタン）	35
TiN（窒化チタン）	35
Wiper	65

あ

厚みが異なるチップ	76
粗加工	45
アルミニウム合金	91
インコネル	26
インデキサブル工具	11
ウエッジ	101
ウエッジロック式	101
渦巻き形状	50
エンドミルやドリル	33
押さえ金	98

か

加工硬化	110
加工能率	64
硬さと粘り強さ	22
勝手なしのバイト	112
勝手を表す記号	134

蚊取り線香	50
カムロック式	103
乾式切削	25
含有成分	19
境界摩耗	110
切りくず	43
切りくず分断能力	48
切込み深さ	88
切り取り厚さ	88
切れ味の違い	45
切れ刃	40
切れ刃の形状を表す記号	131
切れ刃の長さと内接円を表す記号	126
金属切削	12
クランプオン式	96
クランプオン式チップ	76
クランプ駒	98
黒セラ	27
クロム系窒化物	35
形状を表す記号	118
削り残し	80
合金元素	66
工作物の回転方向	50
硬質母材としての耐摩耗性	19
コーティング方法	32
コーナ半径	40
コーナ半径の大きさ	130
コバ欠け	89
コバルト	16
コバルトの焼結体	21

さ

サーメット	24
サイアロン	27
最大高さ粗さ	78
さらい刃	64
三角記号	81
算術平均粗さ	81
仕上げ加工	45
仕上げ代の設定	49
四角形チップ	106
自製バイト	66
湿式切削	25
シャンク径	87
重切削	76
焼結合金などの切削	30
使用分類	18
すくい面	40
隅部のR形状	90
スローアウェイ工具	10
スローアウェイチップ	10
スローアウェイチップの材種	14
寸法許容差	46
寸法効果	22
制振合金	87
切削工具	11
切削抵抗	96
セラミックス	26
旋盤加工	12
総切削距離	74

た

耐すくい面摩耗	24
ダイヤモンドコーティング	91
耐溶着性	24
ダクタイル鋳鉄	28
ダブルクランプ式	98
炭化クロム	22
炭化タルタル	19
炭化タングステン	16
炭化チタン	19
炭化バナジウム	21
チタン系窒化物	35
窒化チタン	20
チップケース	116
チップ交換時	46
チップの厚さを表す記号	129
チップの形状	118
チップの等級	120
チップの刃先角	68
チップブレーカ	40
チップブレーカのあるチップ	42
チップブレーカのないチップ	42
チップポケット	54
チップポケットの大きさの違い	54
チャンファホーニング	58
超硬合金	15
超微粒子超硬合金	16
ツールパス	136
突き加工	108
付け刃工具	10
鉄鋼の五元素	89

等級（精度）の違い	46
等級を表す記号	120
銅に対する耐摩耗性	36
突起形のチップブレーカ	44
取り付け穴があるチップ	76
取り付け穴がないチップ	76
トルクスねじ	77
トンボ	108

な

内径加工	86
内接円	40
逃げ角が付いたチップ	74
逃げ角がないチップ	74
逃げ角を表す記号	120
逃げ面	40
二重クランプ式	98
ニッケル	24
任意記号	135
ねじ止め式	100
ねずみ鋳鉄	28

は

バイトの送り方向	50
背分力	96
バインダレスCBN	31
刃殺し	56
刃先強度	68
ハステロイ	110
バックボーリング	108
引き加工	108

ひし形チップ	70
非晶質炭素膜	35
左勝手のバイト	112
ピンロック式	97
副切れ刃	40
フライス加工	12
ブレーカピース	43
ホーニング刃	56
補足記号	135
ホルダに固定する方法	94

ま

丸形チップ	70
丸形と面取り形のホーニング刃	58
右勝手のバイト	112
溝・穴記号	124
溝形のチップブレーカ	44
モールデット	44

や・ら・わ

焼入れ鋼	29
焼入れ鋼の切削	30
呼び記号	116
らせん形状	50
ランドの付いたチップ	61
レバーロック式	97
ろう付け	29
六角形チップ	72
ワイパー	65

●著者略歴

澤　武一 (さわ たけかず)

芝浦工業大学 工学部 機械工学科
臨床機械加工研究室 教授
博士（工学）、ものづくりマイスター（DX）、
1 級技能士（機械加工職種、機械保全職種）

2014 年 7 月 厚生労働省ものづくりマイスター認定
2020 年 4 月 芝浦工業大学　教授
専門分野：固定砥粒加工、臨床機械加工学、
　　　　　機械造形工学

著書
・今日からモノ知りシリーズ　トコトンやさしい NC 旋盤の本
・今日からモノ知りシリーズ　トコトンやさしいマシニングセンタの本
・今日からモノ知りシリーズ　トコトンやさしい旋盤の本
・今日からモノ知りシリーズ　トコトンやさしい工作機械の本　第 2 版（共著）
・わかる！使える！機械加工入門
・わかる！使える！作業工具・取付具入門
・わかる！使える！マシニングセンタ入門
・目で見てわかる「使いこなす測定工具」―正しい使い方と点検・校正作業―
・目で見てわかるドリルの選び方・使い方
・目で見てわかるスローアウェイチップの選び方・使い方
・目で見てわかるエンドミルの選び方・使い方
・目で見てわかるミニ旋盤の使い方
・目で見てわかる研削盤作業
・目で見てわかるフライス盤作業
・目で見てわかる旋盤作業
・目で見てわかる機械現場のべからず集―研削盤作業編―
・目で見てわかる機械現場のべからず集　―フライス盤作業編―
・目で見てわかる機械現場のべからず集―旋盤作業編―
・絵とき「旋盤加工」基礎のきそ
・絵とき「フライス加工」基礎のきそ
・絵とき　続・「旋盤加工」基礎のきそ
・基礎をしっかりマスター「ココからはじめる旋盤加工」
・目で見て合格　技能検定実技試験「普通旋盤作業 2 級」手順と解説
・目で見て合格　技能検定実技試験「普通旋盤作業 3 級」手順と解説

……いずれも日刊工業新聞社発行

NDC 532

カラー版　目で見てわかる
切削チップの選び方・使い方

定価はカバーに表示してあります。

2024 年 10 月 23 日　初版 1 刷発行

ⓒ 著者　　　　　　　澤 武一
　　発行者　　　　　　井水 治博
　　発行所　　　　　　日刊工業新聞社　　〒103-8548 東京都中央区日本橋小網町 14 番 1 号
　　　　　　　　　　　書籍編集部　　　　電話 03-5644-7490
　　　　　　　　　　　販売・管理部　　　電話 03-5644-7403　FAX 03-5644-7400
　　　　　　　　　　　URL　　　　　　　https://pub.nikkan.co.jp/
　　　　　　　　　　　e-mail　　　　　　info_shuppan@nikkan.tech
　　　　　　　　　　　振替口座　　　　　00190-2-186076

本文デザイン・DTP　志岐デザイン事務所（大山陽子）
本文イラスト　　　　志岐デザイン事務所（角一葉）
印刷・製本　　　　　新日本印刷㈱

2024 Printed in Japan　　　落丁・乱丁本はお取り替えいたします。
ISBN　978-4-526-08353-2　C3053
本書の無断複写は、著作権法上の例外を除き、禁じられています。